广东封开黑石顶省级自然保护区动物

雷纯义　王英永　赵健　区升华　主编

中国·武汉

图书在版编目（CIP）数据

广东封开黑石顶省级自然保护区动物 / 雷纯义等主编. -- 武汉：华中科技大学出版社, 2025.4. -- ISBN 978-7-5772-1042-1

Ⅰ. Q958.526.54

中国国家版本馆CIP数据核字第2024961JY7号

广东封开黑石顶省级自然保护区动物　　　　　雷纯义　王英永　赵健　区升华　主编
Guangdong Fengkai Heishiding Shengji Ziran Baohuqu Dongwu

出版发行：华中科技大学出版社（中国·武汉）	电话：（027）81321913
武汉市东湖新技术开发区华工科技园	邮编：430223

出 版 人：阮海洪

策划编辑：段园园	责任监印：朱　玢
责任编辑：郭娅辛	装帧设计：段自强

印　　刷：广州清粤彩印有限公司
开　　本：787 mm × 1092 mm　1/16
印　　张：12.75
字　　数：204千字
版　　次：2025年4月 第1版 第1次印刷
定　　价：198.00元

投稿热线：13710226636（微信同号）
本书若有印装质量问题，请向出版社营销中心调换
全国免费服务热线：400-6679-118 竭诚为您服务
版权所有 侵权必究

广东封开黑石顶省级自然保护区动物编委会

主　　编	雷纯义　王英永　赵　健　区升华
副 主 编	乐伟强　张礼标　刘全生　朱永亨　魏懿鑫
编　　委	（以姓名汉语拼音为序）

陈鸿辉　陈　勇　邓焕然　丁向运　何向南　何向阳
黄家荣　黄名海　黄萧洒　黄勇潮　乐伟强　雷纯义
李绮恒　李　瑜　李玉龙　凌　凯　刘福仁　刘全生
吕植桐　齐　硕　区升华　佘少忠　王　健　王英永
魏懿鑫　吴林芳　谢锦燕　曾昭驰　张礼标　张　蒙
张思雨　赵　健　郑博西　朱永亨

其他参加考察或协助工作人员（按姓名汉语拼音排序）

陈接磷　何海龙　何启兵　黄金钊　黄银龙　黄中福
黄中杰　孔新荣　李　瑶　李广源　李金威　李润林
李伟锋　林建均　林昭妤　林兆廷　刘祖尧　龙双连
覃庆坤　吴佳珩　杨剑焕　叶志平　张天度　赵永有
植秀飞

编著单位　中山大学

广州林芳生态科技有限公司

广东封开黑石顶省级自然保护区管理处

目 录

1 概述 1
  1.1 自然地理与环境 1
    1.1.1 基本资料 1
    1.1.2 地质地貌 1
    1.1.3 土壤 1
    1.1.4 气候 1
    1.1.5 植被 1
  1.2 黑石顶省级自然保护区的陆生脊椎动物区系及其价值 3
    1.2.1 陆生脊椎动物区系组成 3
    1.2.2 国家重点保护动物 4
    1.2.3 全球尺度受胁物种（全球性珍稀濒危物种）........................ 4
    1.2.4 区系特点 4

2 黑石顶陆生脊椎动物区系 6
  2.1 两栖动物区系与分布 6
    2.1.1 研究历史 6
    2.1.2 调查方法 6
    2.1.3 调查结果 7
    2.1.4 分析与结论 13
    2.1.5 保护管理建议 13
  2.2 爬行动物区系与分布 14
    2.2.1 研究历史 14
    2.2.2 调查方法 15

    2.2.3 调查结果 16
    2.2.4 分析与结论 22
    2.2.5 保护与管理面临的主要挑战 23
  2.3 鸟类区系与分布 23
    2.3.1 研究历史 23
    2.3.2 调查方法 23
    2.3.3 调查结果 24
    2.3.4 分析与结论 35
  2.4 哺乳动物区系与分布特点 35
    2.4.1 研究历史 35
    2.4.2 调查方法 36
    2.4.3 调查结果 37
    2.4.4 保护动物 37
    2.4.5 受胁物种 37
    2.4.6 区系特征 39
    2.4.7 分析与结论 40

3 黑石顶省级自然保护区陆生脊椎动物图鉴 42
  3.1 两栖动物图鉴 42
    3.1.1 密疣掌突蟾 42
    3.1.2 封开角蟾 43
    3.1.3 黑石顶角蟾 44
    3.1.4 黑眶蟾蜍 45
    3.1.5 华南雨蛙 45

3.1.6 粗皮姬蛙 ... 46
3.1.7 饰纹姬蛙 ... 46
3.1.8 花姬蛙 ... 47
3.1.9 小弧斑姬蛙 ... 47
3.1.10 虎纹蛙 ... 48
3.1.11 泽陆蛙 ... 48
3.1.12 福建大头蛙 ... 49
3.1.13 棘胸蛙 ... 49
3.1.14 岭南浮蛙 ... 50
3.1.15 沼水蛙 ... 50
3.1.16 台北纤蛙 ... 51
3.1.17 龙头山臭蛙 ... 51
3.1.18 封开臭蛙 ... 52
3.1.19 华南湍蛙 ... 53
3.1.20 汉森侧条树蛙 ... 54
3.1.21 费氏刘树蛙 ... 55
3.1.22 斑腿泛树蛙 ... 56
3.1.23 大树蛙 ... 56

3.2 爬行动物图鉴 ... 57

3.2.1 中华鳖 ... 57
3.2.2 平胸龟 ... 57
3.2.3 地龟 ... 58
3.2.4 都庞岭半叶趾虎 ... 58
3.2.5 原尾蜥虎 ... 59
3.2.6 黑疣大壁虎 ... 60
3.2.7 光蜥 ... 61
3.2.8 中国石龙子 ... 61
3.2.9 四线石龙子 ... 62
3.2.10 南滑蜥 ... 63
3.2.11 宁波滑蜥 ... 64
3.2.12 铜蜓蜥 ... 65
3.2.13 股鳞蜓蜥 ... 66
3.2.14 北部湾蜓蜥 ... 67
3.2.15 海南棱蜥 ... 68
3.2.16 中国棱蜥 ... 69
3.2.17 古氏草蜥 ... 69
3.2.18 南草蜥 ... 70
3.2.19 细鳞拟树蜥 ... 71
3.2.20 丽棘蜥 ... 72
3.2.21 变色树蜥 ... 73
3.2.22 钩盲蛇 ... 73
3.2.23 棕脊蛇 ... 74
3.2.24 台湾钝头蛇 ... 74
3.2.25 横纹钝头蛇 ... 75
3.2.26 越南烙铁头蛇 ... 75
3.2.27 原矛头蝮 ... 76
3.2.28 白唇竹叶青蛇 ... 76
3.2.29 中国水蛇 ... 77
3.2.30 紫沙蛇 ... 77
3.2.31 银环蛇 ... 78
3.2.32 舟山眼镜蛇 ... 78
3.2.33 眼镜王蛇 ... 79

3.2.34 环纹华珊瑚蛇 ... 79
3.2.35 绿瘦蛇 ... 80
3.2.36 绞花林蛇 ... 81
3.2.37 繁花林蛇 ... 82
3.2.38 菱斑小头蛇 ... 82
3.2.39 台湾小头蛇 ... 83
3.2.40 翠青蛇 ... 83
3.2.41 南方链蛇 ... 84
3.2.42 细白环蛇 ... 85
3.2.43 草腹链蛇 ... 85
3.2.44 白眉腹链蛇 ... 86
3.2.45 坡普腹链蛇 ... 86
3.2.46 三索锦蛇 ... 87
3.2.47 黑眉锦蛇 ... 87
3.2.48 钝尾两头蛇 ... 88
3.2.49 黄斑渔游蛇 ... 88
3.2.50 莽山后棱蛇 ... 89
3.2.51 侧条后棱蛇 ... 89
3.2.52 张氏后棱蛇 ... 90
3.2.53 北方颈槽蛇 ... 91
3.2.54 环纹华游蛇 ... 92
3.2.55 乌华游蛇 ... 93
3.2.56 黑头剑蛇 ... 94

3.3 鸟类图鉴 ... 95

3.3.1 小䴙䴘 ... 95
3.3.2 白鹭 ... 95
3.3.3 牛背鹭 ... 96
3.3.4 池鹭 ... 96
3.3.5 绿鹭 ... 97
3.3.6 黑冠鹃 ... 97
3.3.7 白胸苦恶鸟 ... 98
3.3.8 灰头麦鸡 ... 98
3.3.9 丘鹬 ... 99
3.3.10 珠颈斑鸠 ... 99
3.3.11 山斑鸠 ... 100
3.3.12 绿翅金鸠 ... 101
3.3.13 灰胸竹鸡 ... 101
3.3.14 白鹇 ... 102
3.3.15 八声杜鹃 ... 103
3.3.16 大鹰鹃 ... 103
3.3.17 乌鹃 ... 104
3.3.18 噪鹃 ... 104
3.3.19 褐翅鸦鹃 ... 105
3.3.20 小鸦鹃 ... 105
3.3.21 黑翅鸢 ... 106
3.3.22 黑鸢 ... 106
3.3.23 蛇雕 ... 107
3.3.24 赤腹鹰 ... 108
3.3.25 凤头鹰 ... 108
3.3.26 普通鵟 ... 109
3.3.27 红隼 ... 109
3.3.28 领鸺鹠 ... 110

3.3.29 黄嘴角鸮 …………………………… 110	3.3.55 赤红山椒鸟 ………………………… 124
3.3.30 领角鸮 ……………………………… 111	3.3.56 灰喉山椒鸟 ………………………… 124
3.3.31 红角鸮 ……………………………… 111	3.3.57 红耳鹎 ……………………………… 125
3.3.32 小白腰雨燕 ………………………… 112	3.3.58 白头鹎 ……………………………… 125
3.3.33 普通翠鸟 …………………………… 112	3.3.59 白喉红臀鹎 ………………………… 126
3.3.34 蓝翡翠 ……………………………… 113	3.3.60 栗背短脚鹎 ………………………… 126
3.3.35 冠鱼狗 ……………………………… 113	3.3.61 绿翅短脚鹎 ………………………… 127
3.3.36 蓝喉蜂虎 …………………………… 114	3.3.62 黑短脚鹎 …………………………… 127
3.3.37 三宝鸟 ……………………………… 115	3.3.63 橙腹叶鹎 …………………………… 128
3.3.38 戴胜 ………………………………… 115	3.3.64 红尾伯劳 …………………………… 128
3.3.39 大拟啄木鸟 ………………………… 116	3.3.65 棕背伯劳 …………………………… 129
3.3.40 黑眉拟啄木鸟 ……………………… 116	3.3.66 黑卷尾 ……………………………… 129
3.3.41 斑姬啄木鸟 ………………………… 117	3.3.67 八哥 ………………………………… 130
3.3.42 白眉棕啄木鸟 ……………………… 117	3.3.68 红嘴蓝鹊 …………………………… 130
3.3.43 黄嘴栗啄木鸟 ……………………… 118	3.3.69 灰树鹊 ……………………………… 131
3.3.44 栗啄木鸟 …………………………… 118	3.3.70 喜鹊 ………………………………… 131
3.3.45 仙八色鸫 …………………………… 119	3.3.71 大嘴乌鸦 …………………………… 132
3.3.46 烟腹毛脚燕 ………………………… 119	3.3.72 橙头地鸫 …………………………… 132
3.3.47 家燕 ………………………………… 120	3.3.73 虎斑地鸫 …………………………… 133
3.3.48 金腰燕 ……………………………… 120	3.3.74 灰背鸫 ……………………………… 133
3.3.49 白鹡鸰 ……………………………… 121	3.3.75 乌灰鸫 ……………………………… 134
3.3.50 灰鹡鸰 ……………………………… 121	3.3.76 白眉鸫 ……………………………… 134
3.3.51 理氏鹨 ……………………………… 122	3.3.77 白腹鸫 ……………………………… 135
3.3.52 树鹨 ………………………………… 122	3.3.78 斑鸫 ………………………………… 135
3.3.53 黄腹鹨 ……………………………… 123	3.3.79 白尾蓝地鸲 ………………………… 136
3.3.54 小灰山椒鸟 ………………………… 123	3.3.80 蓝歌鸲 ……………………………… 136

3.3.81 红胁蓝尾鸲 137

3.3.82 鹊鸲 137

3.3.83 北红尾鸲 138

3.3.84 红尾水鸲 138

3.3.85 紫啸鸫 139

3.3.86 灰背燕尾 139

3.3.87 白冠燕尾 140

3.3.88 东亚石鹏 140

3.3.89 灰林鹏 141

3.3.90 褐胸鹟 141

3.3.91 北灰鹟 142

3.3.92 乌鹟 142

3.3.93 黄眉姬鹟 143

3.3.94 鸲姬鹟 143

3.3.95 红喉姬鹟 144

3.3.96 白腹姬鹟 144

3.3.97 海南蓝仙鹟 145

3.3.98 寿带 145

3.3.99 黑枕王鹟 146

3.3.100 黑脸噪鹛 146

3.3.101 小黑领噪鹛 147

3.3.102 黑领噪鹛 147

3.3.103 黑喉噪鹛 148

3.3.104 画眉 148

3.3.105 红嘴相思鸟 149

3.3.106 华南斑胸钩嘴鹛 149

3.3.107 棕颈钩嘴鹛 150

3.3.108 红头穗鹛 150

3.3.109 褐顶雀鹛 151

3.3.110 淡眉雀鹛 151

3.3.111 小鳞胸鹪鹛 152

3.3.112 白腹凤鹛 152

3.3.113 黑眉苇莺 153

3.3.114 暗冕山鹪莺 153

3.3.115 黑喉山鹪莺 154

3.3.116 纯色山鹪莺 154

3.3.117 黄腹山鹪莺 155

3.3.118 长尾缝叶莺 155

3.3.119 短尾鸦雀 156

3.3.120 棕头鸦雀 156

3.3.121 棕脸鹟莺 157

3.3.122 强脚树莺 157

3.3.123 金头缝叶莺 158

3.3.124 褐柳莺 158

3.3.125 黄腰柳莺 159

3.3.126 黄眉柳莺 159

3.3.127 华南冠纹柳莺 160

3.3.128 栗头鹟莺 160

3.3.129 暗绿绣眼鸟 161

3.3.130 栗颈凤鹛 161

3.3.131 红头长尾山雀 162

3.3.132 大山雀 162

5

3.3.133 黄颊山雀 163

3.3.134 红胸啄花鸟 163

3.3.135 纯色啄花鸟 164

3.3.136 叉尾太阳鸟 164

3.3.137 麻雀 165

3.3.138 白腰文鸟 165

3.3.139 斑文鸟 166

3.3.140 白眉鹀 166

3.3.141 小鹀 167

3.3.142 灰头鹀 168

3.4 哺乳动物图鉴 169

3.4.1 中华菊头蝠 169

3.4.2 中蹄蝠 169

3.4.3 东亚伏翼 170

3.4.4 华南水鼠耳蝠 170

3.4.5 华南扁颅蝠 171

3.4.6 鼬獾 171

3.4.7 黄腹鼬 172

3.4.8 花面狸 172

3.4.9 小灵猫 173

3.4.10 斑林狸 173

3.4.11 豹猫 174

3.4.12 野猪 174

3.4.13 小麂 175

3.4.14 倭花鼠 175

3.4.15 红腿长吻松鼠 176

3.4.16 马来豪猪 176

3.4.17 海南社鼠 177

3.4.18 华南针毛鼠 177

3.4.19 黑缘齿鼠 178

3.4.20 青毛巨鼠 178

参考文献 **179**

中文名称索引 **186**

学名索引 **189**

1 概述

广东封开黑石顶省级自然保护区（后简称"黑石顶自然保护区"）始建于1979年，1995年被广东省人民政府批准正式晋升为省级自然保护区，是继中国第一个自然保护区（鼎湖山国家级自然保护区）之后广东省最早建立的自然保护区之一。早在20世纪80年代初期，中山大学就组织师生在黑石顶自然保护区开展生物学、生态学和地学的综合考察，同时开展植物学、动物学的野外教学实习和科研活动。1987年，基于相关专家长达一年多的调研评估，国家教委（现教育部）在黑石顶自然保护区建立了教育系统第一个野外教学科研基地，命名为"中山大学热带亚热带森林生态系统实验中心"。最近10年，中山大学生命科学学院陆生脊椎动物科研团队利用黑石顶自然保护区和"教育部热带亚热带森林生态系统实验中心"提供的科研平台和资源，开展了大量科研工作，基本查清了保护区陆生脊椎动物资源本底，取得了一系列科研成果。

1.1 自然地理与环境

1.1.1 基本资料

黑石顶自然保护区位于广东省西部的封开县境内，面积约4200 hm^2，地理坐标在23°25'15"N~23°30'02"N、111°49'09"E~111°55'01"E，北回归线横穿保护区的核心区。

黑石顶自然保护区地处云开山脉余脉，向南距离云开山脉最高峰茂名大雾岭大田顶约150 km，西南距离十万大山不到400 km，西北距离广西大瑶山约200 km，向北距离南岭最高峰广西猫儿山370 km。云开山脉北向连通南岭山地，西南则由云开山脉、六万大山和十万大山彼此相连组成一条山脉带，进入中南半岛。云开山脉对于中国华南地区生物多样性的形成和维持发挥了至关重要的作用。

1.1.2 地质地貌

黑石顶自然保护区范围内岩石基底以泥盆纪花岗岩为主，其西北部为覆盖以砂岩、页岩为主的沉积岩。

黑石顶自然保护区为低山山地地貌，地势东南高而西北低，一般海拔高度为150~700 m，主峰黑石顶高达927.4 m。区内大小溪流众多，多为泥沙底质，通常散布有大小不一的花岗岩石砾块。由于海拔落差较小，土壤层较厚，溪流大多流速较缓，并常形成小潭，湍急溪流较少；在雨季，出现很多季节性小溪，而缓溪会因水势突然变大而形成临时性急流，在地势陡峭的地方形成瀑布景观。不同流态的溪水最终汇成黑石河和七星河，注入渔涝河，经贺江，流入西江。

黑石顶自然保护区内山溪河流形成发达水网，如图1.1所示。

1.1.3 土壤

主要是赤红壤和山地黄壤两大类，以海拔750 m左右为界，植被覆盖好，水土流失少，枯枝落叶多，腐殖质相当丰富。海拔880 m以上是山地草甸土。

1.1.4 气候

黑石顶自然保护区年平均气温19.6 ℃，最冷月平均气温10.6 ℃，无霜期297天，年均降雨量1743.8 mm，降雨集中在4~9月，占全年的79%。相对湿度在80%以上。因此，该区属于南亚热带湿润季风气候。

1.1.5 植被

黑石顶自然保护区内森林覆盖率达95.5%，是北回归线上的一颗绿色明珠，地带性植被以南亚热带常绿阔叶林为主，

图1.1 黑石顶自然保护区内山溪河流形成发达水网

森林茂密,灌木丛生。在黑石顶自然保护区内尚有少量废弃农田,黑石顶自然保护区周边则有大面积农田。黑石顶自然保护区植被水平分布为南亚热带常绿阔叶林,在种类组成上,居优势地位的是樟科、壳斗科、金缕梅科和山茶科等亚热带阔叶林的表征科,同时,热带性质的科如紫金牛科、桑科和大戟科等的优势度也很高。群落内木质藤本植物较为常见。群落季相变化不明显,外貌常绿。多数植物种群趋于集群分布。保护区中、北部几乎全为次生的马尾松、岗松、桃金娘及单子叶禾草类灌丛;东南部山谷分布着较好的南亚热带常绿阔叶林。因黑石顶自然保护区内山体不高,垂直规律不明显,可划分成几个垂直带:海拔600 m以下为南亚热带低地常绿阔叶林,以壳斗科的锥属和柯属、樟科的厚壳桂属、山茶科各属等为主;海拔600~650 m为低山常绿阔叶林;海拔650~800 m为山地常绿阔叶林,主要以金缕梅科、茜草科、冬青科、山矾科各属为代表,林上及林外常布满竹子,次生性很强;海拔800 m以上为山地常绿阔叶苔藓矮林和山顶灌草丛,主要为杜鹃花科、山矾科、菊科、莎草科及禾本科的植物。黑石顶自然保护区内主要植被如图1.2所示。

图 1.2 黑石顶自然保护区内主要植被

1.2 黑石顶自然保护区的陆生脊椎动物区系及其价值

1.2.1 陆生脊椎动物区系组成

至 2022 年底，黑石顶自然保护区共记录陆生脊椎动物 4 纲 22 目 87 科 285 种，包括两栖纲 1 目 7 科 24 种，爬行纲 2 目 18 科 59 种，鸟纲 15 目 50 科 163 种，哺乳纲 4 目 12 科 39 种。

（1）黑石顶自然保护区作为模式产地发表了 5 个新种：2014 年以来，以黑石顶自然保护区采集的标本作为模式标本共发表新种 5 个，即封开角蟾 *Boulenophrys acuta*、黑石顶角蟾 *Boulenophrys obesa*、封开臭蛙 *Odorrana fengkaiensis*、费氏刘树蛙 *Liuixalus feii* 和张氏后棱蛇 *Opisthotropis hungtai*。

（2）省级新记录 1 个：喜山鼠耳蝠 *Myotis muricola*。

（3）广东省级新记录4个：汉森侧条树蛙 Rohanixalus hansenae、南方链蛇 Lycodon meridionale、横斑钝头蛇 Pareas macularius 和白眉棕啄木鸟 Sasia ochracea。

1.2.2 国家重点保护动物

黑石顶自然保护区陆生脊椎动物共有国家重点保护动物41种，包括国家一级保护动物2种，国家二级保护动物39种。

国家一级保护动物：2种。海南鳽 Gorsachius magnificus 和小灵猫 Viverricula indica。

国家二级保护动物：39种。其中，两栖类国家二级保护动物1种，虎纹蛙 Hoplobatrachus chinensis；爬行类国家二级保护动物6种，平胸龟 Platysternon megacephalum、四眼斑水龟 Sacalia quadriocellata、地龟 Geoemyda spengleri、黑疣大壁虎 Gekko reevesii、三索锦蛇 Coelognathus radiatus 和眼镜王蛇 Ophiophagus hannah；鸟类国家二级保护动物30种，白鹇 Lophura nycthemera、黑冠鳽 Gorsachius melanolophus、黑翅鸢 Elanus caeruleus、蛇雕 Spilornis cheela、凤头鹰 Accipiter trivirgatus、赤腹鹰 Accipiter soloensis、日本松雀鹰 Accipiter gularis、雀鹰 Accipiter nisus、黑鸢 Milvus migrans、普通鵟 Buteo japonicus、红隼 Falco tinnunculus、燕隼 Falco subbuteo、游隼 Falco peregrinus、斑尾鹃鸠 Macropygia unchall、褐翅鸦鹃 Centropus sinensis、小鸦鹃 Centropus bengalensis、红头咬鹃 Harpactes erythrocephalus、黄嘴角鸮 Otus spilocephalus、领角鸮 Otus lettia、红角鸮 Otus sunia、褐林鸮 Strix leptogrammica、灰林鸮 Strix nivicolum、领鸺鹠 Glaucidium brodiei、蓝喉蜂虎 Merops viridis、仙八色鸫 Pitta nympha、红嘴相思鸟 Leiothrix lutea、画眉 Garrulax canorus、黑喉噪鹛 Garrulax chinensis、短尾鸦雀 Neosuthora davidiana、棕腹大仙鹟 Niltava davidi；哺乳类国家二级保护动物2种，斑林狸 Prionodon pardicolor 和豹猫 Prionailurus bengalensis。

1.2.3 全球尺度受胁物种（全球性珍稀濒危物种）

根据IUCN的濒危等级评估结果，黑石顶自然保护区共有12种动物属于全球尺度受胁物种，罗列如下。

极危（CR）物种：4种，封开角蟾、黑石顶角蟾、平胸龟、四眼斑水龟。

濒危（EN）物种：3种，地龟、海南鳽、小蹄蝠 Hipposideros pomona。

易危（VU）物种：5种，棘胸蛙 Quasipaa spinosa、中华鳖 Pelodiscus sinensis、舟山眼镜蛇 Naja atra、眼镜王蛇、黑眉锦蛇 Elaphe taeniura、仙八色鸫。

1.2.4 区系特点

（1）特有物种相对较少，仅占5.6%。

微特有种：1种。黑石顶角蟾目前只记录于黑石顶省级自然保护区，属于微特有种。

中国特有种：15种。封开角蟾、密疣掌突蟾 Leptobrachella verrucosa、福建大头蛙 Limnonectes fujianensis、华南湍蛙 Amolops ricketti、费氏刘树蛙、宁波滑蜥 Scincella modesta、古氏草蜥 Takydromus kuehnei、张氏后棱蛇、莽山后棱蛇 Opisthotropis cheni、华南冠纹柳莺 Phylloscopus goodsoni、黑眉拟啄木鸟 Psilopogon faber、华南斑胸钩嘴鹛 Pomatorhinus swinhoei、小麂 Muntiacus reevesi、红腿长吻松鼠 Dremomys pyrrhomerus 和海南社鼠 Niviventer lotipes。

（2）两栖纲和爬行纲动物中，中印半岛-中国南部热湿型物种所占比例较高。华南雨蛙 Hyla simplex、封开臭蛙、岭南浮蛙 Occidozyga lingnanica、费氏刘树蛙、汉森侧条树蛙、地龟、细鳞树蜥、北部湾蜓蜥 Sphenomorphus tonkinensis、南滑蜥 Scincella reevesii、四线石龙子 Plestiodon quadrilineatus、海南棱蜥 Tropidophorus hainanus、中国棱蜥 Tropidophorus sinicus、南草蜥 Takydromus sexlineatus、横斑钝头蛇、张氏后棱蛇和越南烙铁头 Ovophis tonkinensis 等共17

种为中印半岛－中国南部热湿型物种,占所记录的两栖爬行类总数的20.5%。

（3）在两栖纲和爬行纲物种组成方面,与同属云开山脉、被北回线贯穿的鼎湖山国家级自然保护区有较大差别。

黎振昌等（2009）在鼎湖山国家级自然保护区实地调查的基础上,通过查阅相关文献,共记录两栖类23种,爬行类48种。物种数量少于黑石顶自然保护区,且在物种组成上与黑石顶自然保护区有较大差别。

两地均有分布记录的两栖动物共14种,区系的相似性仅为42%。其中,鼎湖山国家级自然保护区所记录的版纳鱼螈 Ichthyophis bannanicus、弹琴蛙 Babina adenopleura、长趾纤蛙 Hylarana macrodactyla、昭觉林蛙 Rana chaochiaoensis、花臭蛙 Odorrana schmackeri、小棘蛙 Paa exilispinosa、尖舌浮蛙 Occidozyga lima、花狭口蛙 Kaloula pulchra 和花细狭口蛙 Kalophrynus interlineatus 在黑石顶自然保护区没有记录,而黑石顶自然保护区所记录的密疣掌突蟾、封开角蟾、黑石顶角蟾、林蛙（未定种）、封开臭蛙、福建大头蛙 Limnonectes fujianensis、岭南浮蛙、汉森侧条树蛙、费氏刘树蛙和粗皮姬蛙 Microhyla butleri 在鼎湖山国家级自然保护区没有记录。

两地均有分布记录的爬行动物共35种,区系相似性为49%。其中,鼎湖山国家级自然保护区所记录的黑颈拟水龟 Chinemys nigricans、三线闭壳龟 Cuora trifasciata、中国壁虎 Gekko chinensis、疣尾蜥虎 Hemidactylus frenatus、蓝尾石龙子 Plestiodon elegans、蟒蛇 Python molurus、铅色水蛇 Enhydris plumbea、紫棕小头蛇 Oligodon cinereus、横纹后棱蛇 Opisthotropis balteata、紫灰锦蛇 Oreophis porphyraceus、灰鼠蛇 Ptyas korros、金环蛇 Bungarus fasciatus 和福建竹叶青 Trimeresurus stejnegeri 共13种目前在黑石顶自然保护区尚无记录,而黑石顶自然保护区所记录的地龟、四眼斑水龟、黑疣大壁虎、都庞岭半叶趾虎 Hemiphyllodactylus dupanglingensis、细鳞拟树蜥、丽棘蜥 Acanthosaura lepidogaster、古氏草蜥、宁波滑蜥、海南棱蜥、棕脊蛇 Achalinus rufescens、横斑钝头蛇、绞花林蛇 Boiga kraepelini、南方链蛇、细白环蛇 Lycodon neomaculatus、白眉腹链蛇 Amphiesma boulengeri、坡普腹链蛇 Amphiesma popei、菱斑小头蛇 Oligodon catenata、侧条后棱蛇 Opisthotropis lateralis、张氏后棱蛇、滑鼠蛇 Ptyas mucosus、眼镜王蛇、原毛头蝮 Protobothrops mucrosquamatus 和越南烙铁头共23种在鼎湖山国家级自然保护区尚无记录。

（4）黑石顶自然保护区蜥蜴亚目物种丰富,尤其是石龙子科特别丰富。

黑石顶自然保护区共记录蜥蜴亚目4科18种,石龙子科5属10种;与其邻近的鼎湖山国家级自然保护区的蜥蜴亚目为4科14种,石龙子科4属9种（黎振昌等,2009）；江西井冈山的蜥蜴亚目4科11种,石龙子科3属6种；广西大瑶山蜥蜴亚目比较丰富,共有7科21种,但石龙子科仅为3属7种（广西大瑶山自然保护区综合科学考察报告,2008）。

（5）孤岛化导致鸟类多样性相对较低。

黑石顶自然保护区面积较小,且与周边地区自然条件差异较大,孤岛化倾向日益严重。鸟类具有较强迁移能力,能够主动选择适宜的环境。因此,黑石顶自然保护区鸟类物种多样性不高,目前仅记录163种。

（6）黑石顶自然保护区的中大型哺乳动物区系组成与云开山脉其他区域相似,但种群数量普遍较低。

在周边环境日益破碎和生态退化的背景下,在面积有限、日益孤岛化的黑石顶自然保护区,大型哺乳动物的种群维持变得十分艰难,因此,在黑石顶自然保护区目前所能见到的哺乳动物以翼手类和啮齿类最多,野猪 Sus scrofa、豹猫、斑林狸尚有一定的种群数量,小麂、花面狸 Paguma larvata 等较罕见。

2 黑石顶自然保护区陆生脊椎动物区系

2.1 两栖动物区系与分布

2.1.1 研究历史

1997 年，常弘等首次报道了黑石顶自然保护区两栖动物 2 目 7 科 21 种（常弘等，1997）；2002 年，香港嘉道理农场暨植物园报告了黑石顶自然保护区两栖动物 13 种（Chan et al., 2002），按目前的分类系统，分属 1 目 6 科。2008 年起，随着中山大学动物学野外教学实习在黑石顶自然保护区的展开，区内两栖动物研究进入了一个新的阶段，先后发表了 4 篇文章，发现了 4 个两栖动物新种和 1 个省级新分布记录物种（杨剑焕等，2009；Li et al., 2014; Yang et al., 2015; Wang et al., 2015）；2014 年，黑石顶自然保护区作为教育部生物学野外教学实习基地，对前期的工作做了一个阶段性总结，出版了《黑石顶陆生脊椎动物图谱》（王英勇等，2014），书中记录了黑石顶自然保护区的两栖动物 1 目 7 科 23 种。本书通过梳理和总结 2014 年以来黑石顶自然保护区的新增资料，重新评估了黑石顶自然保护区两栖动物资源价值和区系特色。

2.1.2 调查方法

（1）调查区域。

调查范围包括石门堂、天堂顶、冷水槽和盐水田等多个片区。

（2）调查方案。

两栖类是夜行性动物，皮肤低角质化和高通透性决定其高度依赖水环境。因此，两栖类监测样线根据河流、水田、水塘、水库、山间溪流的分布而设定。

2008 年至 2020 年，采用典型生境样线法，每年调查 3~5 次。2021 年至 2022 年，根据保护区调查监测项目要求，在保护区范围内选取 10 条调查样线，每条样线长度 1000 m，宽度 5~10 m，基本覆盖了保护区各区域的主要生境类型；每条样线每季度完成 1 次夜间调查，调查速度为 1 km/h，记录物种和个体数量。

（3）凭证采集与保存。

①鸣声凭证：录制求偶期鸣声。

②照片凭证：拍摄生态照片。

③凭证标本采集和制作。一般每条样线每种限采 4 个标本。制作标本前，先进行活体拍照，然后腹腔注射致死，采集肌肉样品（作为 DNA 研究材料，保存在 75% 的乙醇溶液中），将处死的标本放到解剖盘中摆好姿态，用福尔马林（40% 的甲醛溶液）固定。5 小时后转移至标本箱中保存，并挂好标签，填写采集记录表，记录主要环境因子数据，分析受胁因素等。

（4）相关依据。

①分类鉴定依据。

物种鉴定参考《中国动物志》（费梁等，2009）和《中国两栖动物及其分布彩色图鉴》（费梁等，2012）。

分类系统参照 Amphibian Species of the World 6.2, an Online Reference（Frost，2024）。

②保护等级。

中国国家级重点保护野生动物（China Key List, CKL）：参照《国家林业和草原局 农业农村部公告（2021年第3号）（国家重点保护野生动物名录）》。

③濒危受胁物种认定。

IUCN 受胁等级：IUCN 英文全称为"International Union for Conservation of Nature"，即世界自然保护联盟。IUCN 所编定的受胁物种红色名录（*The IUCN Red List of Threatened Species*，简称"*IUCN RL*"）是在全球尺度下对物种珍稀濒危程度加以分级评估。其根据物种分布面积和占有面积、种群受胁状况等标准，划分了多个等级，包括野外绝灭（EW）、极危（CR）、濒危（EN）、易危（VU）、近危（NT）和无危（LC）等，其中，极危、濒危和易危被认定为受胁物种。《中国生物多样性红色名录》（简称"*China RL*"）（蒋志刚等，2016）和 *IUCN R L*（IUCN，2024）的濒危等级认定都是依据 IUCN 的评估标准。

④特有物种。

特有物种指分布只限于某一地区而不见于其他地区的物种。如，中国特有物种（endemic species to China，ESC），指只分布于我国且分布范围较大的物种；区域特有物种（regional endemic species，RES），指只分布于某一特定区域的物种。

⑤分布型。

除去广泛分布、局域分布和间断分布物种外，绝大多数动物分布均与自然地理区域相联系。它们的分布区在一定区域内，彼此相邻或有不同程度的重叠，形成分布相对集中的中心，反映了这些分属于各个不同高级阶元（纲目科）的种，在现阶段对外界环境条件具有共同的适应性。根据动物种的分布区相对集中并与一定的自然地理区域相联系的事实，张荣祖（1999）把我国陆生脊椎动物划分成 9 个分布型。动物的分布型基本反映某一地区的动物区系。

广东省的两栖动物只有 3 种分布型，即南中国型（S）、东洋型（W）和季风型（E）。

南中国型（S）：主要分布在我国亚热带以南地区，为我国东洋界所特有或主要分布于我国东洋界的种，是华中区的代表成分。部分种类可向南延伸至我国热带或中南半岛北部，向北可延伸至华北。南中国型包括 12 个亚型。

东洋型（W）：主要分布在印度半岛、中南半岛（包括附近岛屿），分布区的北缘延伸至我国南部热带和亚热带，属东洋界，是华南区的代表成分。有些种类可沿我国东部季风区延伸至温带。东洋型包括 7 个亚型。

季风型（E）：主要指东部湿润地区，避开中亚干旱地区，在我国沿季风区向北延伸。

2.1.3 调查结果

（1）分类厘定。

基于近年的分类学研究结果和目前公认的两栖动物分类系统，对历史记录做出如下厘定。

①封开角蟾 *Boulenophrys acuta*（Wang, Li, and Jin, 2014）。

Megophrys acuta：Li et al., 2014, Zootaxa, 3795: 453. Holotype. SYS a002267, by original designation. Type locality: Heishiding Nature Reserve (23°28'27"N, 111°53'53"E; 277.1 m a.s.l.), Fengkai County, Guangdong Province, China（模式产地：黑石顶自然保护区）。

挂墩角蟾 *Megophrys kuatunensis*:Chan et al., 2002。

封开角蟾 *Megophrys acuta*：邹发生、叶冠峰，2016。

Xenophrys acuta：Chen et al., 2017。

Megophrys (Panophrys) acuta：Mahony et al., 2017。

Boulenophrys acuta：Fei, 2020。

Panophrys acuta：Lyu et al., 2021。

Boulenophrys acuta：Qi et al., 2021。

封开角蟾 *Boulenophrys acuta*：AmphibiaChina，2024。

Boulenophrys acuta：Frost, 2024。

②黑石顶角蟾 *Boulenophrys obesa* (Wang, Li, and Zhao, 2014)。

Megophrys obesa: Li et al., 2014, Zootaxa, 3795: 453. Holotype. SYS a002275, by original designation. Type locality: Heishiding Nature Reserve. (23°28'27"N, 111°53'53"E; 399.2 m a.s.l.), Fengkai County, Guangdong Province, China（模式产地：黑石顶自然保护区）。

小角蟾 *Megophrys minor*：常弘等，1997。

黑石顶角蟾 *Megophrys obesa*：邹发生等，2016。

Xenophrys obesa：Chen et al., 2017。

Megophrys (Panophrys) obesa：Mahony et al., 2017。

Boulenophrys obesa：Fei, 2020。

Panophrys obesa：Lyu et al., 2021。

Boulenophrys obesa：Qi et al., 2021。

黑石顶角蟾 *Boulenophrys obesa*：AmphibiaChina，2024。

Boulenophrys obesa: Frost, 2024。

③福建大头蛙 *Limnonectes fujianensis* (Ye and Fei, 1994)。

Rana fujianensis：Chan et al., 2002。

版纳大头蛙 *Limnonectes bannaensis*：黎振昌等，2011；费梁等，2012。

福建大头蛙 *Limnonectes fujianensis*：王英勇等，2014。

④龙头山臭蛙 *Odorrana leporipes* (Werner, 1930)。

Rana livida：Chan et al., 2002。

大绿臭蛙 *Odorrana graminea*：王英勇、刘阳，2014。

Odorrana graminea complex: Xiong et al., 2015。

⑤封开臭蛙 *Odorrana fengkaiensis* (Wang, Lau, Yang, Chen, Liu, Pang and Liu, 2015)。

Odorrana fengkaiensis：Wang et al., 2015, Zootaxa, 3999: 241. Holotype: SYS a002265, by original designation. Type locality: Heishiding Nature Reserve (23°27'40.16"N, 111°54'32.80"E; 253 m a.s.l.), Fengkai County, Guangdong Province, China. (模式产地：黑石顶自然保护区)。

花臭蛙 *Rana schmackeri*：常弘等，1997。

Rana (Odorrana) sp.：Chan et al., 2002。

海南臭蛙 *Odorrana* cf. *hainanensis*：王英勇、刘阳，2014。

封开臭蛙 *Odorrana fengkaiensis*：邹发生、叶冠峰，2016。

封开臭蛙 *Odorrana fengkaiensis*：AmphibiaChina. 2022。

Odorrana fengkaiensis：Frost, 2022。

⑥汉森侧条树蛙 *Rohanixalus hansenae* (Cochran, 1927)。

侧条跳树蛙 *Chirixalus vittatus*：杨剑焕等，2009。

侧条跳树蛙 *Chiromantis vittatus*：王英勇、刘阳，2014。

侧条跳树蛙 *Chirixalus vittatus*：邹发生、叶冠峰，2016。

Feihyla vittata：Fei et al., 2010; Li et al., 2013; Dubois et al., 2021。

Rohanixalus vittatus：Biju et al., 2020。

汉森侧条树蛙 *Rohanixalus vittatus*：AmphibiaChina, 2022; Frost, 2022。

Rohanixalus vittatus：Frost, 2022。

⑦费氏刘树蛙 *Liuixalus feii* (Yang, Rao, and Wang, 2015)。

Liuixalus feii：Yang et al., 2015, Zootaxa, 3990: 251. Holotype. SYS a002389, by original designation. Type locality: "Heishiding Nature Reserve, Fengkai County, Guangdong Province, China, （模式产地：黑石顶自然保护区）(23°27'10.4"N, 111°53'15.4"E, 550 m a.s.l.)。

眼斑小树蛙 *Philautus ocellatus*：Chan et al., 2002。

刘树蛙 *Liuixalus* cf. *ocellatus*：王英勇、刘阳，2014。

费氏刘树蛙 *Liuixalus feii*：邹发生、叶冠峰，2016。

费氏刘树蛙 *Liuixalus feii*：AmphibiaChina，2022。

Romerus feii：Frost, 2022。

⑧密疣掌突蟾 *Leptobrachella verrucosa* (Wang, Zeng, Lin et Li, 2022)。

蝘掌突蟾 *Paramegophrys pelodytoides*：黎振昌等，2011。

福建掌突蟾 *Leptolalax liui*：王英勇、刘阳，2014。

⑨其他发生分类变更的物种。

黑眶蟾蜍 Bufo melanostictus Chan et al., 2002，现为 Duttaphrynus melanostictus(Frost et al., 2006)。

虎纹蛙 Hoplobatrachus rugulosus（王英勇、刘阳，2014），现为 Hoplobatrachus chinensis（费梁等，2009）。

饰纹姬蛙 Microhyla ornata（王英勇、刘阳，2014），现学名修订为 Microhyla fissipes。

（2）物种组成。

基于上述分类厘定，最终确认黑石顶自然保护区两栖动物为 1 目 7 科 19 属 24 种，如表 2.1 所示。其中，角蟾科 Megophryidae 有 2 属 3 种，即掌突蟾属 Leptobrachella 1 种、布角蟾属 Boulenophrys 2 种；蟾蜍科 Bufonidae 1 属 1 种，即头棱蟾蜍属 Duttaphrynus 的 1 种；雨蛙科 Hylidae 只有雨蛙属 Hyla 1 种；姬蛙科 Microhylidae 1 属 4 种，均为姬蛙属 Microhyla 物种；叉舌蛙科 Dicroglossidae 5 属 5 种，即虎纹蛙属 Hoplobatrachus、大头蛙属 Limnonectes、陆蛙属 Fejervarya、浮蛙属 Occidozyga 和棘胸蛙属 Quasipaa 各 1 种；蛙科 Ranidae 有 5 属 6 种，即臭蛙属 Odorrana 2 种、湍蛙属 Amolops 1 种、水蛙属 Hylarana 2 种、蛙属 Rana 1 种；树蛙科 Rhacophoridae 4 属 4 种，即刘树蛙属 Liuixalus、罗树蛙属 Rohanixalus、泛树蛙属 Polypedates 和张氏树蛙属 Zhangixalus 各 1 种。

姬蛙属有 4 种，是黑石顶自然保护区两栖动物多样性最高的属；臭蛙属、水蛙属和布角蟾属均有 2 种，其余 15 属均只有 1 种。

表 2.1　黑石顶自然保护区两栖动物多样性编目及珍稀濒危等级

物种多样性编	分布型	特有物种	保护等级	China RL	IUCN RL
一、无尾目 ANURA					
1. 角蟾科 Megophryidae					
密疣掌突蟾 Leptobrachella verrucosa	Se	ESC		DD	
封开角蟾 Boulenophrys acuta	Sb	ESC		DD	CR
黑石顶角蟾 Boulenophrys obesa	/	RES		DD	CR
2. 蟾蜍科 Bufonidae					
黑眶蟾蜍 Duttaphrynus melanostictus	Wc				
3. 雨蛙科 Hylidae					
华南雨蛙 Hyla simplex	Wc				
4. 姬蛙科 Microhylidae					
粗皮姬蛙 Microhyla butleri	Wd				
饰纹姬蛙 Microhyla fissipes	Wd				
花姬蛙 Microhyla pulchra	Wd				
小弧斑姬蛙 Microhyla heymonsi	Wd				
5. 叉舌蛙科 Dicroglossidae					
虎纹蛙 Hoplobatrachus chinensis	Wd		二级	EN	
福建大头蛙 Limnonectes fujianensis	Sd	ESC			
泽陆蛙 Fejervarya limnocharis	We				
棘胸蛙 Quasipaa spinosa	Sf			VU	VU
岭南浮蛙 Occidozyga lingnanica	Wb				

续表

物种多样性编	分布型	特有物种	保护等级	China RL	IUCN RL
6. 蛙科 Ranidae					
* 林蛙（未定种）*Rana* sp.	Se	ESC			
华南湍蛙 *Amolops ricketti*	Sh	ESC			
沼水蛙 *Hylarana guentheri*	Wd				
台北纤蛙 *Hylarana taipehensis*	Wc				
龙头山臭蛙 *Odorrana leporipes*	Sf	ESC			
封开臭蛙 *Odorrana fengkaiensis*	Se				
7. 树蛙科 Rhacophoridae					
汉森侧条树蛙 *Rohanixalus hansenae*	Wc				
斑腿泛树蛙 *Polypedates megacephalus*	Wc				
费氏刘树蛙 *Liuixalus feii*	Wc			DD	
大树蛙 *Zhangixalus dennysi*	Wd				

* 研究初步确定为不同于已知物种的独立谱系。

（3）国家级保护物种。

国家级重点保护动物1种，即叉舌蛙科的虎纹蛙，为国家二级保护动物。

（4）濒危受胁物种。

IUCN受胁等级：3种，其中极危（CR）物种2种，即黑石顶角蟾和封开角蟾；易危（VU）物种1种，即叉舌蛙科棘胸蛙。

《中国生物多样性红色名录》受胁物种：2种，其中易危（VU）物种1种，即棘胸蛙；濒危（EN）物种1种，即虎纹蛙。

（5）区系特征。

①特有物种。

中国特有物种（ESC）：中国特有物种7种，占黑石顶自然保护区两栖动物的29.2%。其中，黑石顶角蟾为区域微特有物种，密疣掌突蟾、封开臭蛙、福建大头蛙、华南湍蛙、林蛙（未定种）和龙头山臭蛙均为中国特有物种。

②分布型。

黑石顶自然保护区两栖动物有1个区域微特有物种，占保护区两栖动物的4.2%；剩余的23种分属2种分布型，即东洋型（W）和南中国型（S）；分属8个亚型，南中国型（S）和东洋型（W）各有4个亚型。

作为东洋界华南区代表的东洋型（W）物种15种，占保护区两栖动物的62.5%，分属4个亚型。其中，热带－南亚热带亚型（Wb）物种1种，即岭南浮蛙，黑石顶自然保护区几乎是其分布北界。热带－中亚热带亚型（Wc）物种6种，为华南区的代表物种。热带－北亚热带亚型（Wd）物种7种、热带－南亚热带亚型（Sb）、热带－温带亚型（We）物种1种，均为东洋界华中区和华南区的广布物种。

作为东洋界华中区代表的南中国型（S）物种8种，占本区两栖动物的33.3%，分属4个亚型。其中，南亚热带－北亚热带亚型（Sf）物种2种，包括中国特有谱系龙头山臭蛙和主要分布区在中国的棘胸蛙。南亚热带－中亚热带亚型（Se）物种3种，其中林蛙（未定种）是中国特有物种。热带－南亚热带亚型（Sb）、热带－北亚热带亚型（Sd）和中亚热带－

北亚热带亚型物种（Sh）各 1 种，均为中国特有物种。

黑石顶自然保护区 7 种中国特有物种中，3 种为区域微特有物种，其余 4 种均为南中国型。黑石顶自然保护区两栖动物分布型如表 2.2 所示。

表2.2　黑石顶自然保护区两栖动物分布型

分布型	分布亚型	分布特点	数量	中国特有物种
区域特有物种 1 种，占 4.2%	Res	仅记录于黑石顶自然保护区及与其毗邻的广东恩平七星坑省级自然保护区	1	1
南中国型（S） 8 种，占 33.3%	Sb	热带 - 南亚热带	1	1
	Sd	热带 - 北亚热带	1	1
	Se	南亚热带 - 中亚热带	3	2
	Sf	南亚热带 - 北亚热带	2	1
	Sh	中亚热带 - 北亚热带	1	1
东洋型（W） 15 种，占 62.5%	Wb	热带 - 南亚热带	1	0
	Wc	热带 - 中亚热带	6	0
	Wd	热带 - 北亚热带	7	0
	We	热带 - 温带	1	0

③区系特点。

黑石顶自然保护区两栖动物均为东洋界物种。其中，区域微特有物种均为东洋界华南区物种，连同作为东洋界华南区代表成分的东洋型物种，华南区物种共计 16 种，占 66.7%；东洋界华中区物种共计 8 种（包括除区域特有物种外的 6 种中国特有种），占 33.3%。

（6）生态类型和优势种。

依据栖息地环境类型和繁殖生态特点，黑石顶自然保护区内两栖动物有 5 种生态类型，分别为陆栖静水型（7 种）、水栖静水型（5 种）、树栖型（5 种）、山溪水栖型（4 种）、山溪陆栖型（3 种），各种生态类型都有其优势物种。

①陆栖静水型：繁殖于静水环境，成体主要在陆地活动，包括蟾蜍科 1 种、姬蛙科 4 种、蛙科蛙属 1 种、叉舌蛙科陆蛙属 1 种，即黑眶蟾蜍、饰纹姬蛙、粗皮姬蛙、花姬蛙、小弧斑姬蛙、林蛙（未定种）和泽陆蛙，共有 7 种，种群数量较大，均为黑石顶自然保护区常见的两栖动物。林蛙（未定种）较为罕见，其余 6 种均为优势物种，其中，泽陆蛙、饰纹姬蛙、粗皮姬蛙、花姬蛙是农田生境的优势物种，黑眶蟾蜍和小弧斑姬蛙在保护区较大道路及其两侧沟渠、开阔生境斑块较常见。

②水栖静水型：繁殖于静水环境，大部分时间都在水中栖息，包括蛙科的沼水蛙、台北纤蛙和叉舌蛙科的虎纹蛙、福建大头蛙、岭南浮蛙，共 5 种。其优势物种为沼水蛙和福建大头蛙。岭南浮蛙仅发现于黑石顶自然保护区外围的农田积水坑中。虎纹蛙和台北纤蛙数量少，较难遇见。

③树栖型：为树蛙科和雨蛙科物种，共有 5 种。

树蛙科的斑腿泛树蛙种群数量大，农田、水洼、水塘和小规模取水设施都是其繁殖场所，为林缘、农田、农舍等生境的优势物种。

树蛙科的大树蛙喜欢结群于林区水田、林缘水池、森林内水塘繁殖，常常数个雄性与一个雌性抱团繁殖，雄性间为争夺交配权而互相挤压，逐渐发展成为这一生境类型的优势物种。在生态位上，大树蛙与斑腿泛树蛙有部分重叠，但基本互不影响。

雨蛙科的华南雨蛙主要见于保护区内果树农田斑块，如芭蕉、橘子林地等，都有较大种群。黑石顶自然保护区是汉森侧条树蛙在广东目前已知的唯一栖息地，侧条树蛙见于"中山大学热带亚热带森林生态系统实验中心"附近的林缘和冷水槽区域的林缘生境，栖地面积较小，但数量比较大。

费氏刘树蛙分布于石门堂和天堂顶一带森林生境，于树洞中产卵，每次产卵数量不超过10枚，种群数量中等。

④山溪水栖型：于山溪中繁殖，成体栖息在山溪及其邻近区域，高度依赖山溪水环境，包括蛙科臭蛙属2种、湍蛙属1种和叉舌蛙科棘胸蛙属1种，共计4种。由于栖息的溪流生境有所不同，生态位重叠较少，4种山溪水栖型蛙类种群数量均较大，均为各自生境的优势物种。

⑤山溪陆栖型：在山溪内繁殖，成体多在陆地活动，共3种，即角蟾科掌突蟾属的密疣掌突蟾、布角蟾属的黑石顶角蟾和封开角蟾。封开角蟾和密疣掌突蟾在春、夏繁殖季节大量出现，种群量庞大，为绝对优势种。黑石顶角蟾则较罕见，保护区内大样地建设以来，地被的频繁扰动对其影响较大，该种已经多年未见。

2.1.4 分析与结论

（1）黑石顶自然保护区大部分两栖动物种群数量大，优势物种不显著。

黑石顶自然保护区生境类型多样，异质性高，就各生境类型而言，都有其优势物种，但从保护区整体来看，没有一个物种有绝对优势。因此，除了台北纤蛙、虎纹蛙和黑石顶角蟾外，其余21种均是其所栖息生境的优势物种，但在保护区和全年时间尺度下，几乎没有一个物种种群数量有显著优势。

（2）黑石顶自然保护区的两栖动物区系是以分布型为东洋型的华南区成分为主，特有性较低。

在地理区位上，北回归线北缘横穿保护区的核心区，区域微特有物种均为东洋界华南区物种，连同作为东洋界华南区代表成分的东洋型物种，华南区物种共计16种，占66.7%；东洋界华中区物种共计8种，占33.3%。由于华中区物种较少，其中国特有物种亦较少，除了1种微特有物种，区内只有6种中国特有物种。

黑石顶自然保护区两栖动物的最大特点是热带-南亚热带湿热型物种显著增多，如汉森侧条树蛙、费氏刘树蛙、封开臭蛙等，丰富了广东省两栖动物区系。

（3）黑石顶自然保护区的生态岛屿化，驱动了其两栖动物独立演化，表现出一定的微特有性。

黑石顶自然保护区位于北回归线上，具有南亚热带和中亚热带的过渡性质；保护区是以花岗岩为主要岩石基底的低山丘陵地貌，拥有南亚热带性质森林生态系统，植被茂盛，水系发达；保护区处于云开山脉的余脉上，与云开山脉主体被西江所隔；保护区西北向为砂、页岩丘陵地貌。总体上，保护区是一个相对独立的生态岛屿，其间的两栖动物由于运动扩散能力弱，而独立演化。

2.1.5 保护管理建议

（1）推动黑石顶自然保护区加入零灭绝联盟。

零灭绝联盟（Alliance for Zero Extinction，AZE）于2005年成立。世界各地生物多样性保护组织联合倡议，通过促进一个或多个濒危（EN）物种或极危（CR）物种的最后剩余庇护点，即AZE地点的认定，确定提供安全保护措施以实现有效保护，以防止物种灭绝。

AZE 项目由联合国环境规划署和全球环境基金提供主要的资金支持，数据和网点站由美国鸟类保护协会（American Bird Conservancy）和国际鸟盟（BirdLife International）管理，IUCN 为其合作伙伴。目前，越来越多的国家将保护 AZE 地点纳入国家政策。国际金融机构利用 AZE 地点筛选投资，以发挥对生物多样性具有重要意义的 AZE 地点的内在作用。

AZE 地点的认定标准：①一个 AZE 站点必须包含至少一个 IUCN 红色名录的濒危（EN）或极危（CR）物种；②是 EN 或 CR 物种的一个独立生活区域，包含其已知绝对性的最重要居群（超过该种已知种群数量的 95%），或包含 EN 或 CR 物种的一个生活史段（如繁殖或越冬）的极其重要的已知种群（数量超过该种已知种群数量的 95%）；③必须有一个可确定的边界，与周边区域相比，在这个边界的特征栖息地、生物群落的管理问题更具一致性。

基于上述标准，黑石顶自然保护区完全具备申请加入零灭绝联盟的条件：①黑石顶角蟾和封开角蟾都是 IUCN 认定的极危（CR）物种；②黑石顶角蟾是黑石顶自然保护区特有物种，封开角蟾主要种群也在黑石顶自然保护区内；③黑石顶自然保护区有完整清晰的边界。

（2）减少保护区内人类干扰强度。

最近 10 年，黑石顶自然保护区受人类干扰较强烈，导致保护区内部分区域的原生性地被损毁严重，保护区内道路硬化，也改变了部分两栖爬行动物的栖息地性质，造成保护区某些区域的动物群落结构发生一定改变，某些物种种群大幅萎缩。

（3）持续开展以摸清保护区家底和保护为目的的系统调查和监测。

1987 年以来，黑石顶自然保护区作为中山大学热带亚热带森林生态系统实验中心和中山大学生物学野外教学实习基地，持续开展了大量科研活动，取得了丰硕成果，但作为黑石顶自然保护区保护和管理的支撑性科研活动开展得较少，除了本次为期一年的调查项目外，几乎没有开展过以摸清家底和保护为目的的科研活动。本书是基于最近十几年的中山大学动物教学实习所积累的数据以及本次为期一年的调查所获得的数据编写而成的，是第一本比较系统介绍保护区动物多样性的专著。科研监测是一项长期性工作，需要在统一的技术标准基础上持续开展，才能获得有价值的数据，及时发现问题并解决问题。

2.2 爬行动物区系与分布

2.2.1 研究历史

1997 年，香港嘉道理农场暨植物园在完成华南 9 个森林保护区生物多样性快速调查后首次报道了黑石顶自然保护区的四眼斑水龟（*Sacalia quadriocellata*）、中国石龙子（*Eumeces chinensis*）、棕脊蛇（*Achalinus rufescens*），保护区标本馆保存的标本有蟒蛇（*Python molurus*）、钝尾两头蛇（*Calamaria septentrionalis*）、黑眉锦蛇（*Elaphe taeniura*）和滑鼠蛇（*Ptyas mucosus*）（Fellowes and Hau, 1997）；在随后出版的《粤西黑石顶自然保护区生物多样性快速调查评估报告》中，报道了黑石顶自然保护区爬行动物 15 种，其中蜥蜴亚目 10 种，包括半叶趾虎（*Hemiphyllodactylus* sp. 未定种）、丽棘蜥（*Acanthosaura lepidogaster*）、变色树蜥（*Calotes versicolor*）、光蜥（*Ateuchosaurus chinensis*）、四线石龙子（*Eumeces quadrilineatus*）、南滑蜥（*Scincella reevesii*）、宁波滑蜥（*Scincella modesta*）、股鳞蜓蜥（*Sphenomorphus incognitus*）、铜蜓蜥（*Sphenomorphus indicus*）、海南棱蜥（*Tropidophorus hainanus*）；蛇亚目 5 种，包括绿瘦蛇（*Ahaetulla prasina*）、侧条后棱蛇（*Opisthotropis lateralis*）、乌华游蛇（*Sinonatrix percarinata*）、横纹钝头蛇（*Pareas margaritophorus*）、中华珊瑚蛇（*Hemibungarus macclellandi*），并报道了当地居民在保护区附近捡拾到一只地龟（*Geoemyda spengleri*）（Chan et al., 2002）。按目前的分类系统，分属1目7科。梳理香港嘉道理农场暨植物园的2次调查报告，确认黑石顶自然保护区共记录爬行动物2目10科22种，其中蟒蛇来源不明，未被列入。2008年起，中山大学动物学野外教学实习在黑石顶自然保护区展开，保护区内爬行动物研究进入了一个新的阶段，先后发表了3篇文章（杨剑焕等，2009；Wang et. al., 2013; Wang et al., 2020），发表了1个爬行动物新种和1个省级新分布记录物种。2014年出版的《黑石顶陆生脊椎动物图谱》报道了黑石顶自然保护区的爬行动物2目10科52种（王英勇、刘阳，2014）。本书通过梳理、总结近年来黑石顶自然保护区的研究成果，重新评估了黑石顶自然保护区爬行动物资源价值和区系特点。

2.2.2 研究方法

（1）调查时间与方法。

在2008~2020年调查研究基础上，2021年8月~2022年7月开展了为期一年的全面调查。采用样本法调查，白天和夜晚均开展调查，每种适量采集标本，提取肝组织样本置入75%的酒精溶液中。标本和样品保存在中山大学博物馆。

（2）鉴定依据。

爬行动物物种鉴定主要参考《中国动物志·爬行纲》（第一卷、第二卷、第三卷）（张孟闻等，1998；赵尔宓等，1999）、《中国蛇类》（上／下）（赵尔宓，2006）。

分类系统依据 The Reptile Database（Uetz et al., 2024），并参考《中国两栖、爬行动物更新名录》（王剀等，2020）。

（3）保护等级。

中国国家重点保护野生动物（China Key List, CKL）：参照国家林业和草原局 农业农村部公告（2021年第3号）《国家重点保护野生动物名录》。

（4）濒危受胁物种。

依据IUCN所制定的受胁物种红色名录（*IUCN Red List of Threatened Species*），在全球尺度下对物种珍稀濒危程度加以分级评估。该红色名录根据物种分布面积和占有面积、种群受胁状况等标准，划分为多个等级，包括野外灭绝（EW）、极危（CR）、濒危（EN）、易危（VU）、近危（NT）和无危（LC）等，其中，极危、濒危和易危被认定为受胁物种（iucnredlist web, 2017）。

《中国生物多样性红色名录》（蒋志刚等，2016）采用了IUCN的评估标准对物种的中国种群做出等级评估，属区域性评估。

（5）分布型与特有物种。

①分布型。

根据张荣祖（1999）的定义，除去广泛分布、局域分布和间断分布物种外，绝大多数动物分布均与自然地理区域相联系。它们的分布区在一定区域内，彼此相邻或有不同程度的重叠，形成分布相对集中的中心，反映了这些分属于各个不同高级阶元（纲目科）的种，在现阶段对外界环境条件具有共同的适应性。根据动物种的分布区相对集中并与一定的自然地理区域相联系的事实，张荣祖（1999）把我国陆生脊椎动物划分成9个分布型。动物的分布型基本反映某一地区的动物区系。

黑石顶自然保护区爬行动物包括3个分布型，即南中国型（S）、东洋型（W）和季风型（E）。

南中国型（S）：主要分布在我国亚热带以南地区，为我国东洋界特有或主要分布于我国东洋界的物种，是华中区的代表成分。部分种类可向南延伸至我国热带或中南半岛北部，向北可延伸至华北。南中国型包括12个亚型。

东洋型（W）：主要分布在印度半岛、中南半岛（包括附近岛屿），分布区的北缘延伸至我国南部热带和亚热带，属东洋界，是华南区的代表成分。有些种类可沿我国东部季风区延伸至温带。东洋型包括7个亚型。

季风型（E）：主要指东部湿润地区，避开中亚干旱地区，在我国沿季风区向北延伸。

②特有物种。

特有物种指分布上只限于某一地区而不见于其他地区的物种。其中，中国特有物种（endemic species to China，ESC），指只分布于我国且分布范围较大的物种；区域特有物种（regional endemic species，RES），指只分布于某一具有明确边界的特定区域物种。

2.2.3 调查结果

（1）分类厘定。

①黑疣大壁虎 *Gekko reevesii* (Gray, 1831)。

Gekko gecko：Mertens. 1955。

Gekko reevesii：Rösler et al. 2011。

Gekko reevesii：Zhang et al. 2014。

大壁虎 *Gekko gecko*：黎振昌等，2011；王英勇、刘阳，2014；邹发生等，2016。

黑疣大壁虎 *Gekko reevesii*：王剀等，2021。

②张氏后棱蛇 *Opisthotropis hungtai* (Wang, Lyu, Zeng, Lin, Yang, Nguyen, Ziegler and Wang, 2020)。

Opisthotropis hungtai：Wang et al., 2020, ZooKeys, 913: 141–159. Holotype. SYS r000946, by original designation. Type locality：Heishiding Nature Reserve, Fengkai County, Guangdong Province, China（模式产地：黑石顶自然保护区）。

黄斑后棱蛇 *Opisthotropis maculosa*：王英勇、刘阳，2014。

③四眼斑水龟 *Sacalia quadriocellata* (Siebenrock, 1903)。

四眼斑水龟 *Sacalia quadriocellata*：Fellowes and Hau, 1997。

眼斑水龟 *Sacalia bealei*：Chan et al., 2002；王英勇、刘阳，2014。

四眼斑水龟 *Sacalia quadriocellata*：本书，凭证标本编号为 SYS r 001759。

（2）广东省级新记录。

①横斑钝头蛇 *Pareas macularius* (Theobald, 1868)。

凭证标本编号：SYS r001516，2016年6月29日采集于黑石顶自然保护区。

标本描述：总长 369 mm，肛吻长 297 mm，尾长 72 mm，尾长/全长为 19.5%；体中段起棱鳞 7 行，腹鳞 148 枚，尾下鳞 47 枚。

黄庆云（2004）基于该种与横纹钝头蛇 Pareas margaritophorus 具有相似的体色斑纹，且同域体中段鳞既有起棱也有不起棱的情况，将横斑钝头蛇作为横纹钝头蛇的次定同物异名。然而，笔者团队基于分子和形态研究，认为横纹钝头蛇和横斑钝头蛇是两个独立的有效物种（Vogel et al., 2020），项目组采集的标本证实两个物种在黑石顶自然保护区同域分布。

②南方链蛇 Lycodon meridionalis (Bourret, 1935)。

凭证标本编号：SYSr001355，2015 年 8 月底采集于黑石顶自然保护区。

③都庞岭半叶趾虎 Hemiphyllodactylus dupanglingensis (Zhang, Qian and Yang, 2020)。

独山半叶趾虎 Hemiphyllodactylus dushanensis（王英勇、刘阳，2014）。

云南半叶趾虎独山亚种 Hemiphyllodactylus yunnanensis dushanensis（黎振昌等，2011）。

（3）物种多样性组成。

截至 2022 年 9 月，黑石顶自然保护区共有爬行动物 2 目 18 科 42 属 59 种（见表 2.3），其中龟鳖目 3 科 4 属 4 种；有鳞目蜥蜴亚目 4 科 12 属 18 种；有鳞目蛇亚目的物种数目最多，共计 11 科 26 属 37 种。

表 2.3　广东黑石顶省级自然保护区爬行动物物种名录

种类	分布型	特有物种	IUCN RL	China RL	保护等级
一、龟鳖目 Testudienes					
1. 鳖科 Trionychidae					
中华鳖 Pelodiscus sinensis	Ea		VU	EN	
2. 平胸龟科 Platysternidae					
平胸龟 Platysternon megacephalum	Wd		CR	CR	二级
3. 地龟科 Geoemydidae					
四眼斑水龟 Sacalia quadriocellata	Wc		CR	EN	二级
地龟 Geoemyda spengleri	Wc		EN	EN	二级
二、有鳞目 Squamata 蜥蜴亚目 Lacertilia					
4. 壁虎科 Gekkonidae					
原尾蜥虎 Hemidactylus bowringii	Wb				
都庞岭半叶趾虎 Hemiphyllodactylus dupanglingensis	Se				
黑疣大壁虎 Gekko reevesii	Sc			CR	二级
5. 鬣蜥科 Agamidae					

续表

种类	分布型	特有物种	IUCN RL	China RL	保护等级
丽棘蜥 *Acanthosaura lepidogaster*	Wc				
变色树蜥 *Calotes versicolor*	Wb				
细鳞拟树蜥 *Pseudocalotes microlepis*	Wb				
6. 蜥蜴科 **Lacertidae**					
古氏草蜥 *Takydromus kuehnei*	Se		ESC		
南草蜥 *Takydromus sexlineatus*	Wc				
7. 石龙子科 **Scincidae**					
光蜥 *Ateuchosaurus chinensis*	Wb				
四线石龙子 *Plestiodon quadrilineatus*	Wb				
中国石龙子 *Plestiodon chinensis*	Sc				
南滑蜥 *Scincella reevesii*	We				
宁波滑蜥 *Scincella modesta*	Se		ESC		
股鳞蜓蜥 *Sphenomorphus incognitus*	Sd				
北部湾蜓蜥 *Sphenomorphus tonkinensis*	Sc				
铜蜓蜥 *Sphenomorphus indicus*	We				
海南棱蜥 *Tropidophorus hainanus*	Sc				
中国棱蜥 *Tropidophorus sinicus*	Sb				
三、有鳞目 **Squamata** 蛇亚目 **Serpentes**					
8. 盲蛇科 **Typhlopidae**					
钩盲蛇 *Indotyphlops braminus*	Wc				
9. 闪皮蛇科 **Xenodermidae**					
棕脊蛇 *Achalinus rufescens*	Se		ESC		
10. 钝头蛇科 **Pareidae**					
横斑钝头蛇 *Pareas macularius*	Wb				
横纹钝头蛇 *Pareas margaritophorus*	Wc				

种类	分布型	特有物种	IUCN RL	China RL	保护等级
台湾钝头蛇 Pareas formosensis	Sf				
11. 蝰科 Viperidae					
白唇竹叶青 Trimeresurus albolabris	Wc				
原矛头蝮 Protobothrops mucrosquamatus	Sd				
越南烙铁头 Ovophis tonkinensis	Wc				
12. 水蛇科 Homalopsidae					
中国水蛇 Myrrophis chinensis	Sc			VU	
13. 屋蛇科 Lamprophiidae					
紫沙蛇 Psammodynastes pulverulentus	Wc				
14. 眼镜蛇科 Elapidae					
舟山眼镜蛇 Naja atra	Sd		VU	VU	
银环蛇 Bungarus multicinctus	Wd			EN	
眼镜王蛇 Ophiophagus hannah	Wc		VU	EN	二级
环纹华珊瑚蛇 Sinomicrurus annularis	Sc			VU	
15. 游蛇科 Colubridae					
绿瘦蛇 Ahaetulla prasina	Wc				
绞花林蛇 Boiga kraepelini	Wd				
繁花林蛇 Boiga multomaculata	Wb				
三索锦蛇 Coelognathus radiatus	Wb			EN	二级
黑眉锦蛇 Elaphe taeniura	We		VU	EN	
南方链蛇 Lycodon meridionale	Wb				
细白环蛇 Lycodon neomaculatus	Wb				
滑鼠蛇 Ptyas mucosa	Wc			EN	
翠青蛇 Ptyas major	We				
菱斑小头蛇 Oligodon catenata	Wc				

续表

种类	分布型	特有物种	IUCN RL	China RL	保护等级
台湾小头蛇 *Oligodon formoanus*	Sc				
16. 两头蛇科 **Calamariidae**					
钝尾两头蛇 *Calamaria septentrionalis*	Sc				
17. 水游蛇科 **Natricidae**					
草腹链蛇 *Amphiesma stolatum*	We				
白眉腹链蛇 *Hebius boulengeri*	Sc				
坡普腹链蛇 *Hebius popei*	Sc				
莽山后棱蛇 *Opisthotropis cheni*	Si	ESC			
侧条后棱蛇 *Opisthotropis lateralis*	Sc				
张氏后棱蛇 *Opisthotropis hungtai*	Sg	ESC			
北方颈槽蛇 *Rhabdophis helleri*	Sc				
乌华游蛇 *Trimerodytes percarinata*	Sd			VU	
环纹华游蛇 *Trimerodytes aequifasciata*	Sc			VU	
黄斑渔游蛇 *Fowlea flavipunctatus*	Wc				
18. 剑蛇科 **Sibynophiidae**					
黑头剑蛇 *Sibynophis chinensis*	Sd				

龟鳖目中，地龟科2属2种，鳖科1属1种，平胸龟科1属1种。有鳞目蜥蜴亚目中，石龙子科的物种数目最多，有5属10种。有鳞目蛇亚目中，游蛇科7属11种，水游蛇科6属10种，眼镜蛇科4属4种，钝头蛇科1属3种，蝰科3属3种。

从属级水平来看，黑石顶自然保护区的爬行动物，有29属只记录了1个物种，含2种或2种以上物种的仅13属，包括蜥蜴亚目（5属）中的草蜥属 *Takydromus*（2种）、石龙子属 *Plestiodon*（2种）、滑蜥属 *Scincella*（2种）、蜓蜥属 *Sphenomorphus*（3种）与棱蜥属 *Tropidophorus*（2种），以及蛇亚目（7属）中的钝头蛇属 *Pareas*（3种）、林蛇属 *Boiga*（2种）、白环蛇属 *Lycodon*（2种）、小头蛇属 *Oligodon*（2种）、鼠蛇属 *Ptyas*（2种）、腹链蛇属 *Hebius*（2种）、后棱蛇属 *Opisthotropis*（3种）、环游蛇属 *Trimerodytes*（2种）。

（4）国家级保护物种。

黑石顶自然保护区爬行动物有6种国家重点保护野生动物：平胸龟 *Platysternon megacephalum*、四眼斑水龟、地龟、黑疣大壁虎、眼镜王蛇 *Ophiophagus hannah* 和三索锦蛇 *Coelognathus radiatus*，均为国家二级保护动物，无国家一级保护动物。

（5）濒危受胁物种。

①全球性受胁物种。

依据最新的 *IUCN RL*（IUCN, 2022），黑石顶自然保护区的爬行动物有 7 种为受胁物种，其中极危（CR）物种 2 种，即平胸龟和四眼斑水龟；濒危（EN）物种 1 种，即地龟；易危（VU）物种 4 种，即中华鳖 *Pelodiscus sinensis*、舟山眼镜蛇 *Naja atra*、眼镜王蛇和黑眉锦蛇。

②中国区域内受胁物种。

依据《中国生物多样性红色名录》（蒋志刚等，2016），中国区域内受胁物种 15 种，其中极危（CR）物种 2 种，即平胸龟和黑疣大壁虎；濒危（EN）物种 8 种，即中华鳖、四眼斑水龟、地龟、黑眉锦蛇、三索锦蛇、滑鼠蛇、银环蛇 *Bungarus multicinctus*、眼镜王蛇；易危（VU）物种 5 种，即中国水蛇 *Myrrophis chinensis*、乌华游蛇 *Trimerodytes percarinata*、环纹华游蛇 *Trimerodytes aequifasciata*、舟山眼镜蛇、环纹华珊瑚蛇 *Sinomicrurus annularis*。

（6）分布型与区系。

①分布型。

黑石顶自然保护区爬行动物分布型如表 2.4 所示。

表 2.4 黑石顶自然保护区爬行动物分布型

分布型	分布亚型	种数	ESC
季风型（E） 1 种，占 1.7%	包含阿穆尔或再延伸至俄罗斯远东地区（Ea）	1	
南中国型（S） 26 种，占 44.1%	热带 – 南亚热带（Sb）	1	
	热带 – 中亚热带（Sc）	13	
	热带 – 北亚热带（Sd）	5	
	南亚热带 – 中亚热带（Se）	4	3
	南亚热带 – 北亚热带（Sf）	1	
	南亚热带（Sg）	1	1
	中亚热带（Si）	1	1
东洋型（W） 32 种，占 54.2%	热带 – 南亚热带（Wb）	10	
	热带 – 中亚热带（Wc）	14	
	热带 – 北亚热带（Wd）	3	
	热带 – 温带（We）	5	

黑石顶自然保护区 59 种爬行动物中，作为华南区代表成分的东洋型（W）物种 32 种，占 54.2%。其中，热带－中亚热带亚型（Wc）14 种，热带－南亚热带亚型（Wb）10 种，热带－温带亚型（We）物种 5 种，热带－北亚热带亚型（Wd）3 种。

作为华中区代表成分的南中国型（S）26 种，占 44.1%。其中，热带－中亚热带亚型（Sc）有 13 种，热带－北亚热带亚型（Sd）5 种，南亚热带－中亚热带亚型（Se）4 种，热带－南亚热带亚型（Sb）、南亚热带－北亚热带亚型(Sf)、南亚热带亚型（Sg）、中亚热带亚型（Si）均为 1 种。

②中国特有物种。

黑石顶自然保护区爬行动物中有 5 种中国特有物种，即古氏草蜥 *Takydromus kuehnei*、宁波滑蜥、棕脊蛇、莽山后棱蛇 *Opisthotropis cheni* 与张氏后棱蛇，均为南中国型，其中古氏草蜥、宁波滑蜥和棕脊蛇 3 种属于南亚热带－中亚热带亚型（Se），张氏后棱蛇属于南亚热带亚型（Sg），莽山后棱蛇属于中亚热带亚型（Si）。

季风型（E）物种仅 1 种，即中华鳖（Ea）。

③区系成分特征。

黑石顶自然保护区有东洋界物种 58 种，占 98.3%，处于绝对优势地位，其中作为华南区代表成分的东洋型物种占 54.2%，作为华中区代表成分的南中国型物种占 44.1%；广布种 1 种，即季风型物种中华鳖；无古北界物种。

2.2.4 分析与结论

（1）物种多样性水平较高。

黑石顶自然保护区共记录爬行动物 2 目 18 科 42 属 59 种，多样性水平类超过广东省大部分自然保护区，如车八岭国家级自然保护区 50 种（饶纪腾等，2013）。鼎湖山国家级自然保护区 48 种（Li et al., 2009）和 52 种（龚世平等，2012）。

黑石顶自然保护区蜥蜴亚目多样性较高，共记录了 4 科 18 种，其多样性与江西省（19 种）相当，其中，石龙子科物种数量尤多（5 属 10 种）。鼎湖山国家级自然保护区蜥蜴亚目记录了 4 科 16 种，石龙子科记录了 5 属 9 种。车八岭国家级自然保护区仅有蜥蜴亚目 4 科 8 种，石龙子科物种 4 属 5 种，多样性均低于黑石顶自然保护区。

（2）区系既有鲜明的热带性质，又具有明显的过渡性质。

黑石顶自然保护区位于广东省西部，动物地理区划为东洋界、华南区、闽广沿海亚区，北回归线横贯保护区核心区，处于中亚热带向南亚热带过渡地带，从其分布型和区系组成看，既有鲜明的热带性质，又具有明显的过渡性质。作为华南区代表成分的东洋型物种是保护区爬行动物的主要成分，占比高达 54.2%，而作为华中区代表成分的南中国型物种仅占 44.1%，南方链蛇、张氏后棱蛇、横斑钝头蛇、细鳞拟树蜥等都是热带湿热型物种的典型代表。因此，黑石顶自然保护区爬行动物区系是以华南区成分为主，具有中南半岛扩散到华南区并逐步过渡到华中区的特征。

（3）保存了独具特色的珍贵物种资源。

黑石顶自然保护区的龟鳖目有 3 科 4 种，均为保护物种或全球性极度受胁物种（极危和濒危物种），且保存了较大自然种群，另有 5 个中国特有种，2 个广东省新记录物种，1 个新种的模式产地。黑石顶自然保护区对广东省生物多样性有突出贡献，同时也是广东省爬行动物多样性保护的关键区域。

2.2.5 保护与管理面临的主要挑战

黑石顶自然保护区多样化的环境，孕育了高水平的爬行动物多样性，但保护区孤岛化趋势导致大多数物种的种群规模很小，所以很多物种都属于几年一遇型物种。

生态岛屿化使黑石顶自然保护区的生物多样性表现出一定的生态脆弱性，群落结构易受到干扰。在长期监测过程中发现，原先占据绝对优势的物种都庞岭半叶趾虎在原尾蜥虎 *Hemidactylus bowringii* 入侵后，种群逐渐消失，原尾蜥虎取代了都庞岭半叶趾虎的生态位。除此之外，黑石顶自然保护区西部和北部的植被受人为干扰严重，多数地区沦为人工林（余世孝等，2000），降低了保护区内自然环境的多样性，由于保护区内爬行动物种群规模小，栖息环境的变化会导致部分本土物种难以生存，致使本土生物多样性降低。此外，贯穿保护区的省级公路车流量的增加，致使路杀现象频发，如钩盲蛇、棕脊蛇、北方颈槽蛇 *Rhabdophis helleri* 等物种均受其害。因此，加强保护区监管力度以减少人为干扰，通过生态修复抑制孤岛化倾向是黑石顶自然保护区开展物种保护和管理工作的当务之急。

2.3 鸟类区系与分布

2.3.1 研究历史

黑石顶自然保护区鸟类研究的最早文献见于 1997 年，香港嘉道理农场暨植物园出版了《华南热带地区 9 个森林保护区动物区系调查兼该区域保护优先事项综述》报告，首次报道了黑石顶自然保护区鸟类 66 种（Fellowes and Hau, 1997），其中日本松雀鹰 *Accipiter gularis*、雀鹰 *Accipiter nisus*、红头咬鹃 *Harpactes erythrocephalus*、中华鹧鸪 *Francolinus pintadeanus*、蓝喉蜂虎 *Merops viridis*、褐林鸮 *Strix leptogrammica* 都出现在该报告中。随后，由香港嘉道理农场暨植物园的学者再次调查，记录了鸟类 50 种（Chan et al., 2002），其中有斑尾鹃鸠 *Macropygia unchall* 等的记录。2013 年 6 月，中山大学学生在黑石顶自然保护区调查时发现了 2 只白眉棕啄木鸟 *Sasia ochracea*，是广东鸟类的省级新分布记录（金孟洁等，2014）。基于 2008–2013 年的中山大学生物学野外教学实习和大学生创新项目数据，结合香港嘉道理农场暨植物园 1997 年和 2002 年的调查数据，出版了《黑石顶陆生脊椎动物图谱》（王英勇、刘阳，2014），书中报道了黑石顶自然保护区鸟类 131 种。

此外，常弘等（1997）曾报道了黑石顶自然保护区鸟类 136 种。由于该文章与后续调查获得的鸟类名录的相似性只有 39%，因此该文章的数据未被采纳引用。

2.3.2 调查与方法

（1）调查时间及频次。

调查时间：2008–2014 年，每年 6–8 月进行为期 2 周的生物学野外教学实习。另外，先后有 3 批学生在黑石顶自然保护区开展以鸟类为研究对象的大学生创新项目，增加了春、秋、冬季的调查。

2021–2022 年，开展为期一年的系统调查，在保护区范围内布设 15 条样带，春、夏、秋、冬季各完成 1 次调查。

（2）调查区域。

覆盖黑石顶自然保护区全境，共 15 条样带。

（3）调查方法。

①样带法。

样带涵盖了保护区内的所有典型生境类型。调查行走速度为 1.5~2 km/h。调查成员每人配备一架双筒望远镜和一支录音笔,并配有带长焦镜头的单反相机。用双筒望远镜观测所看见的鸟类、拍摄照片并录制其鸣声,通过记录的体形特征、鸣声和飞行姿势等现场确定鸟种。同时填写记录表,记录鸟的种类、数量、活动状况、生境以及观测时间等数据,已经记录过的和从后往前飞的种类不计其数。另外,在调查当晚对当天记录的数据进行核实、校对。

②红外相机陷阱法。

按公里网格布设红外相机,覆盖保护区全境。每台相机连续工作时间平均约 120 天。相机参数设置的触发时间间隔为 3 s,每次拍摄 3 张,每张照片不小于 1.2 MB,并有拍摄的实时时间信息和温湿度信息。

(4)相关依据。

①分类系统:参照《中国鸟类观察手册》(刘阳、陈水华,2021);The World Bird Database, https://avibase.bsc-eoc.org/(2022 年 9 月数据)。

②物种保护等级、受胁等级、特有物种、区系与分布型:见本章第 1 节。

2.3.3 调查结果

(1)鸟类物种多样性组成。

本书采纳了香港嘉道理农场暨植物园华南生物多样性快速调查报告数据(Fellowes et al., 1997;Chan et al., 2002),连同本研究数据,最终确定黑石顶自然保护区鸟类 16 目 50 科 110 属 163 种,如表 2.5 所示。

表 2.5 黑石顶自然保护区鸟类名录

物种多样性编目 (目、科、种)	保护等级	China RL	IUCN RL	居留类型	区系与分布型
一、䴙䴘目 PODICIPEDIFORMES					
1. 䴙䴘科 Podicedidae					
小䴙䴘 *Tachybaptus ruficollis*				留鸟	We
二、鹈形目 PELECANIFORMES					
2. 鹭科 Ardeidae					
白鹭 *Egretta garzetta*				留鸟	Wd
牛背鹭 *Bubulcus coromandus*				留鸟	Wd
池鹭 *Ardeola bacchus*				留鸟	We
绿鹭 *Butorides striata*				留鸟	O_2
夜鹭 *Nycticorax nycticorax*				留鸟	O_2
黑冠鳽 *Gorsachius melanolophus*	二级			留鸟	Wa
海南鳽 *Gorsachius magnificus*	一级	EN	EN	留鸟	Sc
三、鹤形目 GRUIFORMES					
3. 秧鸡科 Rallidae					
白胸苦恶鸟 *Amaurornis phoenicurus*				留鸟	Wc
红胸田鸡 *Zapornia fusca*				留鸟	O_2
四、鸻形目 CHARADRIIFORMES					

续表

物种多样性编目（目、科、种）	保护等级	China RL	IUCN RL	居留类型	区系与分布型
4. 鸻科 Charadriidae					
灰头麦鸡 Vanellus cinereus				旅鸟	Wb
五、鸽形目 COLUMBIFORMES					
5. 鸠鸽科 Columbidae					
珠颈斑鸠 Spilopelia chinensis				留鸟	We
山斑鸠 Streptopelia orientalis				留鸟	E
斑尾鹃鸠 Macropygia unchall	二级			留鸟	Wd
绿翅金鸠 Chalcophaps indica				留鸟	Wb
六、鸡形目 GALLIFORMES					
6. 雉科 Phasianidae					
中华鹧鸪 Francolinus pintadeanus				留鸟	Wc
灰胸竹鸡 Bambusicola thoracicus				留鸟	Sc
白鹇 Lophura nycthemera	二级			留鸟	Wc
七、鹃形目 CUCULIFORMES					
7. 杜鹃科 Cuculidae					
红翅凤头鹃 Clamator coromandus				夏候鸟	Wd
大鹰鹃 Hierococcyx sparverioides				夏候鸟	Wd
八声杜鹃 Cacomantis merulinus				夏候鸟	Wc
乌鹃 Surniculus lugubris				夏候鸟	Wd
噪鹃 Eudynamys scolopaceus				夏候鸟	Wd
褐翅鸦鹃 Centropus sinensis	二级		VU	留鸟	Wb
小鸦鹃 Centropus bengalensis	二级		VU	留鸟	Wc
八、鹰形目 ACCIPITRIFORMES					
8. 鹰科 Accipitridae					
黑翅鸢 Elanus caeruleus	二级			留鸟	Wc
黑鸢 Milvus migrans	二级			留鸟	Ub
蛇雕 Spilornis cheela	二级			留鸟	Wc
赤腹鹰 Accipiter soloensis	二级			旅鸟	Wc
凤头鹰 Accipiter trivirgatus	二级			留鸟	Wc
雀鹰 Accipiter nisus	二级			冬候鸟	Ue
日本松雀鹰 Accipiter gularis	二级			冬候鸟	We
普通鵟 Buteo japonicus	二级			冬候鸟	Kf
九、隼形目 FALCONIFORMES					
9. 隼科 Falconidae					
红隼 Falco tinnunculus	二级			冬候鸟	O_1

物种多样性编目 （目、科、种）	保护等级	China RL	IUCN RL	居留类型	区系与分布型
燕隼 *Falco Subbuteo*	二级			留鸟	Ug
游隼 *Falco peregrinus*	二级			冬候鸟	C
十、鸮形目 STRIGIFORMES					
10. 鸱鸮科 Strigidae					
领鸺鹠 *Glaucidium brodiei*	二级			留鸟	Wd
黄嘴角鸮 *Otus spilocephalus*	二级			留鸟	Wb
领角鸮 *Otus lettia*	二级			留鸟	Wb
红角鸮 *Otus sunia*	二级			留鸟	We
褐林鸮 *Strix leptogrammica*	二级			留鸟	Wc
灰林鸮 *Strix nivicolum*	二级			留鸟	O_1
十一、夜鹰目 CAPRIMULGIFORMES					
11. 雨燕科 Apodidae					
小白腰雨燕 *Apus nipalensis*				留鸟	O_1
十二、咬鹃目 TROGONIFORMES					
12. 咬鹃科 Trogonidae					
红头咬鹃 *Harpactes erythrocephalus*	二级			留鸟	Wc
十三、佛法僧目 CORACIIFORMES					
13. 翠鸟科 Alcedinidae					
普通翠鸟 *Alcedo atthis*				留鸟	O_1
蓝翡翠 *Halcyon pileata*				冬候鸟	We
冠鱼狗 *Megaceryle lugubris*				留鸟	O_1
14. 蜂虎科 Meropidae					
蓝喉蜂虎 *Merops viridis*	二级			夏候鸟	Wc
15. 佛法僧科 Coraciidae					
三宝鸟 *Eurystomus orientalis*				夏候鸟	We
十四、犀鸟目 BUCEROTIFORMES					
16. 戴胜科 Upupidae					
戴胜 *Upupa epops*				冬候鸟	O_1
十五、䴕形目 PICIFORMES					
17. 拟啄木鸟科 Megalaimidae					
大拟啄木鸟 *Psilopogon virens*				留鸟	Wc
黑眉拟啄木鸟 *Psilopogon faber*				留鸟	Wc
18. 啄木鸟科 Picidae					
白眉棕啄木鸟 *Sasia ochracea*				留鸟	Wa
斑姬啄木鸟 *Picumnus innominatus*				留鸟	Wd

续表

物种多样性编目（目、科、种）	保护等级	China RL	IUCN RL	居留类型	区系与分布型
灰头绿啄木鸟 *Picus canus*				留鸟	Uh
栗啄木鸟 *Micropternus brachyurus*				留鸟	Wb
黄嘴栗啄木鸟 *Blythipicus pyrrhotis*				留鸟	Wd
大斑啄木鸟 *Dendrocopos major*				留鸟	Uc
十六、雀形目 PASSERIFORMES					
19. 八色鸫科 Pittidae					
仙八色鸫 *Pitta nympha*	二级	VU	VU	旅鸟	Wc
20. 燕科 Hirundinidae					
家燕 *Hirundo rustica*				夏候鸟	O_1
金腰燕 *Hirundo daurica*				夏候鸟	O_1
烟腹毛脚燕 *Delichon dasypus*				夏候鸟	We
21. 鹡鸰科 Motacillidae					
白鹡鸰 *Motacilla alba*				留鸟	O_1
灰鹡鸰 *Motacilla cinerea*				冬候鸟	O_1
理氏鹨 *Anthus richardi*				冬候鸟	Eb
树鹨 *Anthus hodgsoni*				冬候鸟	M
黄腹鹨 *Anthus rubescens*				冬候鸟	M
22. 山椒鸟科 Campephagidae					
小灰山椒鸟 *Pericrocotus cantonensis*				旅鸟	Wd
赤红山椒鸟 *Pericrocotus speciosus*				留鸟	Wc
灰喉山椒鸟 *Pericrocotus solaris*				留鸟	Wc
23. 鹎科 Pycnonotidae					
红耳鹎 *Pycnonotus jocosus*				留鸟	Wc
白头鹎 *Pycnonotus sinensis*				留鸟	Sd
白喉红臀鹎 *Pycnonotus aurigaster*				留鸟	Wb
栗背短脚鹎 *Hemixos castanonotus*				留鸟	Wb
绿翅短脚鹎 *Ixos mcclellandii*				留鸟	Wc
黑短脚鹎 *Hypsipetes leucocephalus*				留鸟	Wd
24. 叶鹎科 Chloropseidae					
橙腹叶鹎 *Chloropsis hardwickii*				留鸟	Wc
25. 伯劳科 Laniidae					
红尾伯劳 *Lanius cristatus*				旅鸟	X
棕背伯劳 *Lanius schach*				留鸟	Wd
26. 卷尾科 Dicruridae					
黑卷尾 *Dicrurus macrocercus*				夏候鸟	We

续表

物种多样性编目（目、科、种）	保护等级	China RL	IUCN RL	居留类型	区系与分布型
27. 椋鸟科 Sturnidae					
八哥 Acridotheres cristatellus				留鸟	Wd
28. 鸦科 Corvidae					
红嘴蓝鹊 Urocissa erythrorhyncha				留鸟	We
灰树鹊 Dendrocitta formosae				留鸟	Wa
喜鹊 Pica serica				留鸟	Eb
大嘴乌鸦 Corvus macrorhynchos				留鸟	E
29. 鸫科 Turdidae					
橙头地鸫 Geokichla citrina				夏候鸟	Wc
白眉地鸫 Geokichla sibirica				冬候鸟	Ma
虎斑地鸫 Zoothera aurea				冬候鸟	Mg
灰背鸫 Turdus hortulorum				冬候鸟	Mf
乌灰鸫 Turdus cardis				冬候鸟	O
白眉鸫 Turdus obscurus				留鸟	We
斑鸫 Turdus eunomus				冬候鸟	M
白腹鸫 Turdus pallidus				冬候鸟	Mf
30. 鹟科 Muscicapidae					
白喉短翅鸫 Brachypteryx leucophris				夏候鸟	Wc
蓝歌鸲 Larvivora cyane				旅鸟	U
白尾蓝地鸲 Myiomela leucura				留鸟	Hm
红胁蓝尾鸲 Tarsiger cyanurus				冬候鸟	M
鹊鸲 Copsychus saularis				留鸟	Wd
北红尾鸲 Phoenicurus auroreus				冬候鸟	M
红尾水鸲 Rhyacornis fuliginosus				留鸟	We
紫啸鸫 Myophonus caeruleus				留鸟	We
灰背燕尾 Enicurus schistaceus				留鸟	Wd
白冠燕尾 Enicurus leschenaulti				留鸟	Wd
东亚石䳭 Saxicola torquata				冬候鸟	O_1
灰林䳭 Saxicola ferrea				旅鸟	Wd
褐胸鹟 Muscicapa muttui				繁殖鸟	Hc
乌鹟 Muscicapa sibirica				旅鸟	M
北灰鹟 Muscicapa dauurica				旅鸟	Ma
黄眉姬鹟 Ficedula narcissina				旅鸟	Bb
白眉姬鹟 Ficedula zanthopygi				旅鸟	Ma
鸲姬鹟 Ficedula mugimaki				冬候鸟	Ma

物种多样性编目（目、科、种）	保护等级	China RL	IUCN RL	居留类型	区系与分布型
红喉姬鹟 Ficedula albicilla				旅鸟	Uc
白腹蓝鹟 Cyanoptila cyanomelana				旅鸟	Kb
棕腹大仙鹟 Niltava davidi	二级			旅鸟	Wa
海南蓝仙鹟 Cyornis hainanus				夏候鸟	Sb
31. 王鹟科 Monarchinae					
黑枕王鹟 Hypothymis azurea				旅鸟	Wc
寿带 Terpsiphone paradisi				旅鸟	We
32. 噪鹛科 Leiothrichidae					
黑领噪鹛 Pterorhinus pectoralis				留鸟	Wd
黑喉噪鹛 Pterorhinus chinensis	二级			留鸟	Wa
小黑领噪鹛 Garrulax monileger				留鸟	Wb
黑脸噪鹛 Garrulax perspicillatus				留鸟	Sd
画眉 Garrulax canorus	二级			留鸟	Sd
红嘴相思鸟 Leiothrix lutea	二级			留鸟	Wd
33. 鹛科 Timaliidae					
华南斑胸钩嘴鹛 Pomatorhinus swinhoei				留鸟	Sf
棕颈钩嘴鹛 Pomatorhinus ruficollis				留鸟	Wa
红头穗鹛 Stachyris ruficeps				留鸟	Sd
34. 雀鹛科 Alcippeidae					
淡眉雀鹛 Alcippe hueti				留鸟	Sf
35. 幽鹛科 Pellorneidae					
褐顶雀鹛 Schoeniparus brunnea				留鸟	Wd
36. 鳞胸鹪鹛科 Pnoepygidae					
小鳞胸鹪鹛 Pnoepyga pusilla				留鸟	Wd
37. 莺雀科 Vireonidae					
白腹凤鹛 Erpornis zantholeuca				留鸟	Wb
38. 扇尾莺科 Cisticolidae					
暗冕山鹪莺 Prinia rufescens				留鸟	Wb
黑喉山鹪莺 Prinia atrogularis				留鸟	Wb
黄腹山鹪莺 Prinia flaviventris				留鸟	Wc
纯色山鹪莺 Prinia inornata				留鸟	Wc
长尾缝叶莺 Orthotomus sutorius				留鸟	Wa
39. 苇莺科 Acrocephalidae					
黑眉苇莺 Acrocephalus bistrigiceps				旅鸟	Ma
40. 树莺科 Cettiidae					

续表

物种多样性编目（目、科、种）	保护等级	China RL	IUCN RL	居留类型	区系与分布型
强脚树莺 *Horornis fortipes*				留鸟	Wd
鳞头树莺 *Urosphena squameiceps*				过境鸟	Kb
棕脸鹟莺 *Abroscopus albogularis*				留鸟	Mb
金头缝叶莺 *Phyllergates cuculatus*				留鸟	Wb
41. 柳莺科 Phylloscopidae					
褐柳莺 *Phylloscopus fuscatus*				冬候鸟	M
黄腰柳莺 *Phylloscopus proregulus*				冬候鸟	U
黄眉柳莺 *Phylloscopus inornatus*				冬候鸟	U
冕柳莺 *Phylloscopus coronatus*				旅鸟	M
华南冠纹柳莺 *Phylloscopus goodsoni*				夏候鸟	Wb
栗头鹟莺 *Phylloscopus castaniceps*				留鸟	Wd
42. 鸦雀科 Paradoxornithidae					
短尾鸦雀 *Neosuthora davidiana*	二级			留鸟	S
棕头鸦雀 *Sinosuthora webbiana*				留鸟	Sv
43. 绣眼鸟科 Zosteropidae					
暗绿绣眼鸟 *Zosterops japonicus*				留鸟	S
栗颈凤鹛 *Yuhina torqueola*				留鸟	Sf
44. 长尾山雀科 Aegithalidae					
红头长尾山雀 *Aegithalos concinnus*				留鸟	Wd
45. 山雀科 Paridae					
大山雀 *Parus minor*				留鸟	Wd
黄颊山雀 *Parus spilonotus*				留鸟	Wc
46. 啄花鸟科 Dicaeidae					
红胸啄花鸟 *Dicaeum ignipectus*				留鸟	Wd
纯色啄花鸟 *Dicaeum minullum*				留鸟	Wd
朱背啄花鸟 *Dicaeum cruentatum*				留鸟	Wb
47. 花蜜鸟科 Nectariniidae					
叉尾太阳鸟 *Aethopyga christinae*				留鸟	Sc
48. 雀科 Passeridae					
麻雀 *Passer montanus*				留鸟	Uh
49. 梅花雀科 Estrildidae					
白腰文鸟 *Lonchura striata*				留鸟	Wd
斑文鸟 *Lonchura punctulata*				留鸟	Wc
50. 鹀科 Emberizidae					
白眉鹀 *Emberiza tristrami*				冬候鸟	Ma

续表

物种多样性编目 （目、科、种）	保护等级	China RL	IUCN RL	居留类型	区系与分布型
小鹀 *Emberiza pusilla*				冬候鸟	Ua
灰头鹀 *Emberiza spodocephala*				冬候鸟	M

黑石顶自然保护区雀形目 PASSERIFORMES 记录 32 科 64 属 105 种，占黑石顶自然保护区鸟类总数的 64.4%；非雀形目鸟类共记录 15 目 18 科 46 属 58 种，占黑石顶自然保护区鸟类总数的 35.6%。在非雀形目中䴕形目 PICIFORMES 记录 2 科 7 属 8 种，鹰形目 ACCIPITRIFORMES 记录 1 科 5 属 8 种，鹈形目 PELECANIFORMES 和鹃形目 CUCULIFORMES 均为 1 科 6 属 7 种；以下各目由多至少依次是鸮形目 STRIGIFORMES 记录 1 科 3 属 6 种，佛法僧目 CORACIIFORMES 记录 3 科 5 属 5 种，鸽形目 COLUMBIFORMES 记录 1 科 3 属 4 种，鸡形目 GALLIFORMES 记录 1 科 3 属 3 种，隼形目 FALCONIFORMES 记录 1 科 1 属 3 种，鹤形目 GRUIFORMES 记录 1 科 2 属 2 种，䴙䴘目 PODICIPEDIFORMES、鸻形目 CHARADRIIFORMES、夜鹰目 CAPRIMULGIFORMES、咬鹃目 TROGONIFORMES 和犀鸟目 BUCEROTIFORMES 均记录 1 科 1 属 1 种。

①非雀形目鸟类。

共 18 科。其中，鹰科 Accipitridae 记录 5 属 8 种，杜鹃科 Cuculidae 和鹭科 Ardeidae 均记录 6 属 7 种，啄木鸟科 Picidae 记录 6 属 6 种，鸱鸮科 Strigidae 记录 3 属 6 种，鸠鸽科 Columbidae 记录 3 属 4 种，雉科 Phasianidae 和翠鸟科 Alcedinidae 均记录 3 属 3 种，隼科 Falconidae 记录 1 属 3 种，秧鸡科 Rallidae 记录 2 属 2 种，拟啄木鸟科 Megalaimidae 记录 1 属 2 种，其余 7 科，即䴙䴘科 Podicipedidae、雨燕科 Apodidae、鸻科 Charadriidae、佛法僧科 Coraciidae、蜂虎科 Meropidae、戴胜科 Upupidae 和咬鹃科 Trogonidae 均记录 1 属 1 种。

46 属中，有 4 种的 1 个属（鹰属 *Accipiter*），有 3 种的 2 个属（隼属 *Falco*、角鸮属 *Otus*），有 2 种的 5 个属（夜鳽 *Gorsachius*、斑鸠属 *Streptopelia*、鸦鹃属 *Centropus*、林鸮属 *Strix* 和拟啄木鸟属 *Megalaima*），其余 38 属均只有 1 种。

②雀形目鸟类。

共 32 科。其中，鹟科 Muscicapidae 多样性最高，记录 14 属 22 种；其次是鸫科 Turdidae，记录 3 属 8 种；以下依次是鹎科 Pycnonotidae 记录 3 属 6 种，柳莺科 Phylloscopidae 记录 1 属 6 种，噪鹛科 Leiothrichidae 记录 3 属 6 种，扇尾莺科 Cisticolidae、鹡鸰科 Motacillidae 均记录 2 属 5 种，鸦科 Corvidae 和树莺科 Cettiidae 均记录 4 属 4 种，林鹛科 Timaliidae 和燕科 Hirundinidae 均记录 2 属 3 种，鹃鵙科 Campephagidae、啄花鸟科 Dicaeidae 和鹀科 Emberizidae 均记录 1 属 3 种；王鹟科 Monarchinae、鸦雀科 Paradoxornithidae、绣眼鸟科 Zosteropidae 均记录 2 属 2 种；伯劳科 Laniidae、山雀科 Paridae 和梅花雀科 Estrildidae 均记录 1 属 2 种；其余 12 科，即八色鸫科 Pittidae、莺雀科 Vireonidae、卷尾科 Dicruridae、鳞胸鹪鹛科 Pnoepygidae、长尾山雀科 Aegithalidae、苇莺科 Acrocephalidae、幽鹛科 Pellorneidae、雀鹛科 Alcippeidae、椋鸟科 Sturnidae、叶鹎科 Chloropseidae、花蜜鸟科 Nectariniidae 和雀科 Passeridae 均记录 1 属 1 种。

雀形目的 64 属中，柳莺属 *Phylloscopus* 多样性最高，共记录 6 种，其次是鸫属 *Turdus* 记录 5 种；山鹪莺属 *Prinia* 和姬鹟属 *Ficedula* 均记录 4 种；山椒鸟属 *Pericrocotus*、鹎属 *Pycnonotus*、鹟属 *Muscicapa*、噪鹛属 *Garrulax*、啄花鸟属 *Dicaeum*、鹨属 *Anthus*、鹀属 *Emberiza* 均记录 3 种；伯劳属 *Lanius*、山雀属 *Parus*、短脚鹎属 *Hypsipetes*、燕属 *Hirundo*、钩嘴鹛属 *Pomatorhinus*、黑喉噪鹛属 *Pterorhinus*、地鸫属 *Geokichla*、燕尾属 *Enicurus*、鸭属 *Saxicola*、文鸟属 *Lonchura*、鹡鸰属 *Motacilla* 记录 2 种。剩余的 42 个属（占雀形目属总数的 65.6%）均记录 1 种。

(2)居留类型。

黑石顶自然保护区记录的 163 种鸟类中,留鸟 101 种,占调查记录鸟类的 62.0%;迁徙鸟类 62 种,占调查记录鸟类的 38.0%,其中,夏候鸟 16 种,冬候鸟 27 种,旅鸟 19 种。

繁殖鸟共计 117 种,占调查记录鸟类的 71.8%。

黑石顶自然保护区内鸟类的居留类型比例如图 2.1 所示。

(3)生态类型。

按照鸟类形态结构对环境的适应选择特点,黑石顶自然保护区鸟类有 6 种生态类型,其中,游禽 1 种,占 0.6%;涉禽 10 种,占 6.1%;陆禽 7 种,占 4.3%;攀禽 23 种,占 14.1%;猛禽 17 种,占 10.4%;鸣禽 105 种,占 64.4%。

游禽和涉禽合称水鸟,共有 11 种,占保护区鸟类总数的 6.7%。

游禽:趾间全蹼或满蹼,后肢在身体后方,尾羽不甚发达,适于游泳生活,陆地行走能力较差。黑石顶自然保护区只有 1 种,为小䴙䴘 *Tachybaptus ruficollis*,见于水库等地。

涉禽:脚足长,胫下部裸露无羽,适于在浅水处涉水觅食。黑石顶自然保护区共有涉禽 10 种,其中鹭科鸟类 7 种,国家一级保护动物海南鸦 *Gorsachius magnificus* 和二级保护动物黑冠鸦 *Gorsachius melanolophus* 同时出现在黑石顶自然保护区,栖息于常绿阔叶林中较大的山溪附近;其余 5 种均生活于林缘和水库河岸的浅水区。

陆禽:脚粗壮,适于陆地行走,地面觅食。保护区共记录 7 种,包括鸡形目 3 种、鸽形目 4 种,均为保护区留鸟。白鹇 *Lophura nycthemera* 是保护区最常见鸟类,种群优势明显;斑尾鹃鸠由香港嘉道理农场暨植物园早期记录;绿翅金鸠 *Chalcophaps indica* 白天调查不易见到,保护区曾有一例撞击致死记录;其余物种均较常见。

猛禽:善飞行;嘴喙和脚爪强壮钩曲。保护区共记录猛禽 17 种,包括鸮形目 1 科 3 属 6 种,除红角鸮 *Otus sunia* 外均为留鸟,鹰形目 1 科 5 属 8 种,隼形目 1 科 1 属 3 种。猛禽位于食物链顶端,因此种群数量都不大。

攀禽:脚趾异形,非常态足;善飞行,不善行走,以水生动物、陆生昆虫、软体动物等为食,各科、属适应不同生境,具有独特的行为习性和形态特征。保护区攀禽共 23 种,包括鹃形目 7 种、佛法僧目 5 种、夜鹰目 1 种、咬鹃目 1 种、犀鸟目 1 种、䴕形目 8 种。除蓝翡翠 *Halcyon pileata* 和戴胜 *Upupa epops* 外,均为黑石顶自然保护区繁殖鸟。

鸣禽:105 种,均为雀形目鸟类,是黑石顶自然保护区多样性最高的类群。

黑石顶自然保护区内 6 种生态类型鸟类比例如图 2.2 所示。

图 2.1 黑石顶自然保护区内鸟类的居留类型比例

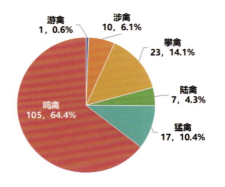

图 2.2 黑石顶自然保护区内 6 种生态类型鸟类比例

(4)保护鸟类。

黑石顶自然保护区有大量受保护鸟类，其中，国家级重点保护野生动物 31 种，包括国家一级保护动物 1 种，国家二级保护动物 30 种。

国家一级保护动物：1 种，海南鳽。

国家二级保护动物：30 种，白鹇、斑尾鹃鸠、黑冠鹃、褐翅鸦鹃 *Centropus sinensis*、小鸦鹃 *Cbengalensis*、黑翅鸢 *Elanus caeruleus*、黑鸢 *Milvus migrans*、蛇雕 *Spilornis cheela*、赤腹鹰 *Accipiter soloensis*、雀鹰、凤头鹰 *Accipiter trivirgatus*、日本松雀鹰、普通鵟 *Buteo japonicus*、红隼 *Falco tinnunculus*、燕隼 *Falco Subbuteo*、游隼 *Falco peregrinus*、领鸺鹠 *Glaucidium brodiei*、黄嘴角鸮 *Otus spilocephalus*、领角鸮 *Otus lettia*、红角鸮 *Otus sunia*、褐林鸮、灰林鸮 *Strix nivicolum*、红头咬鹃、蓝喉蜂虎、仙八色鸫 *Pitta nympha*、黑喉噪鹛 *Pterorhinus chinensis*、画眉 *Garrulax canorus*、红嘴相思鸟 *Leiothrix lutea*、短尾鸦雀 *Neosuthora davidiana*、棕腹大仙鹟 *Niltava davidi*。

（5）濒危物种。

①全球性受胁鸟类。

IUCN 受胁物种 2 种，其中，濒危（EN）物种 1 种，即海南鳽；易危（VU）物种 1 种，即仙八色鸫。

②中国区域性受胁鸟类。

《中国生物多样性红色名录》受胁物种 4 种，其中濒危（EN）物种 1 种，即海南鳽；易危（VU）物种 3 种，即褐翅鸦鹃、小鸦鹃和仙八色鸫。

（6）区系特征。

①特有性。

黑石顶自然保护区记录中国特有鸟种 3 种，分别是黑眉拟啄木鸟、华南冠纹柳莺 *Phylloscopus goodsoni* 和华南斑胸钩嘴鹛 *Pomatorhinus swinhoei*。

②分布型与区系构成。

鸟类恒温、飞行、迁徙等特点，决定了大部分鸟类在大尺度上有非常广阔的分布空间，在微观尺度下可以适应不同的栖息环境，因此，黑石顶自然保护区鸟类区系成分复杂，具有繁多的分布型，见图 2.3 和表 2.6。

广布种 3 种，占本区鸟类的 1.8%，均为不易归类 O_2 型。

全北界鸟类 1 种，占本区鸟类的 0.6%，分布型属全北型。

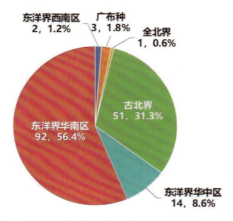

图 2.3　黑石顶自然保护区鸟类区系组成

表 2.6　黑石顶自然保护区鸟类的区系与分布型

分布型与区系	分布亚型	地理分布范围	数量	特有物种
全北界： 全北型（C） 1 种，占 0.6%	C	—	1	
古北界： 古北型（U） 11 种，占 6.7%	U	古北型	3	
	Ua	寒带至寒温带	1	
	Ub	寒温带至中温带	1	
	Uc	寒温带为主	2	
	Ug	温带为主，延伸至热带	1	
	Uh	中温带为主，延伸至亚热带	2	
古北界： 季风型（E） 4 种，占 2.5%	E	东部季风湿润地区	2	
	Eb	在 E 基础上，包括乌苏里和朝鲜半岛，俄罗斯远东地区	2	
古北界： 东北型（K） 3 种，占 1.8%	Kb	中国东部为主，包括乌苏里和朝鲜半岛	2	
	Kf	中国东部为主，包括朝鲜半岛和日本	1	
古北界： 东北型（M） 19 种，占 11.7%	M	中国东北地区及其附近区域	9	
	Ma	包括贝加尔、蒙古、阿穆尔、乌苏里	6	
	Mb	包括乌苏里和朝鲜半岛	1	
	Mf	包括朝鲜半岛、乌苏里和俄罗斯远东	2	
	Mg	包括乌苏里及东西伯利亚	1	
古北界： 东北-华北型（X） 1 种，占 0.6%	X	—	1	
古北界： 华北型（B） 1 种，占 0.6%	Bb	主要分布在华北区东部	1	
东洋界： 南中国型（S） 14 种，占 8.6%	S	南中国型	2	
	Sb	热带-南亚热带	1	
	Sc	热带-中亚热带	3	
	Sd	热带-北亚热带	4	
	Sf	南亚热带-北亚热带	3	1
	Sv	热带-中温带	1	
东洋界： 东洋型（W） 92 种，占 56.4%	Wa	热带	7	
	Wb	热带-南亚热带	15	1
	Wc	热带-中亚热带	27	1
	Wd	热带-北亚热带	29	
	We	热带-温带	14	
东洋界： 喜马拉雅-横断山脉型（H） 2 种，占 1.2%	Hc+Hm	横断山脉及喜马拉雅山脉	2	
不易归类的分布（O）： 古北界：12 种。广布种：3 种。 共 15 种，占 9.2%	O_1	广义古北型，旧大陆温带、热带或温带至热带	12	
	O_2	环球温带、热带广布种	3	

古北界鸟类共计 51 种，占本区鸟类的 31.3%；有 7 种分布型，其中古北型（U）11 种、季风型 4 种、东北型（K）3 种、东北型（M）19 种、东北－华北型（X）1 种、华北型（B）1 种、不易归类 O_1 型 12 种。

东洋界鸟类共计 108 种，占本区鸟类的 66.3%。共有 3 种分布型，作为华中区代表的南中国型 14 种，其中有 1 种中国特有鸟类；作为华南区代表的东洋型 92 种，大多数为本区留鸟或夏候鸟，包括 2 种中国特有鸟类；喜马拉雅 – 横断山脉分布型 2 种。

2.3.4 分析与结论

（1）黑石顶自然保护区鸟类以留鸟为主，比例高达 62.0%，迁徙鸟仅占 38.0%。

黑石顶自然保护区的地理位置优越，北回归线横穿保护区的核心区，具有保存高生物多样性的气候和地理条件，然而，黑石顶自然保护区目前记录 163 种鸟类，相比周边的国家级自然保护区，鸟类多样性水平略低。从物种居留类型上看，黑石顶自然保护区的留鸟有 101 种（占 62.0%），迁徙鸟只有 62 种（仅占 38.0%），因此，导致黑石顶自然保护区鸟类多样性水平略低的原因主要是迁徙鸟种类较少。从生态类型看，黑石顶自然保护区鸟类鸣禽占比显著高于其他保护区，攀禽和猛禽占比与其他保护区基本持平，而水鸟（游禽和攀禽）绝对数量则显著较少。因此，导致黑石顶自然保护区鸟类多样性水平较低的原因主要有如下 3 点。

①黑石顶自然保护区面积较小，山势低矮，周边人类活动强，保护区被以桉树林为主的人工林和石灰岩 – 农田混合区所包围，孤岛化比较严重。

②黑石顶自然保护区建立时间较长，区内森林郁闭度较高，林缘和开阔水域生境较少，因此依赖开阔水环境生活的鸟类多样性较低，拉低了黑石顶自然保护区的鸟类多样性。

③云开山脉不是候鸟迁徙的主要通道，迁徙鸟类比较少，占比低。

（2）黑石顶自然保护区鸟类有高达 38% 的科和约 73% 的属只记录 1 个物种，其多样性还有进一步提升的可能。

黑石顶自然保护区的 163 种鸟类，分属于 50 科 110 属。在全部 50 个科中，有 19 个科（占 38%）只记录到 1 种；16 个科（占 32%）记录了 2~3 种，合计共 35 个科，占 70%。在全部 110 个属中，有 80 个属仅记录 1 个物种，占属总数的 72.7%；有 16 个属只记录 2 种，占 14.5%，9 个属记录 3 种，占 8.2%，只有 5 个属记录 4 种或多于 4 种，仅占 5%。

黑石顶自然保护区鸟类高达 38% 的科和约 73% 的属只有 1 个物种，这种在科属阶元内多样性低的现象，既是现如今过度分类导致越来越多小科、小属出现的一种表现，也与鸟类运动能力强，以致亲缘关系较远的不同科属鸟种汇聚在一起形成群落相关。另外，黑石顶自然保护区的孤岛化可能使一些鸟类尚未被记录，随着调查的继续，其鸟类多样性会有一定程度的提升。

（3）华南区鸟类区系特征显著，汇聚了多种区系成分。

黑石顶自然保护区鸟类分布型多样，汇集了全北界、古北界、东洋界区系鸟类，是多种区系成分鸟类汇聚之地。东洋界鸟类占比高达 66.3%，其中作为东洋界华南区典型代表的东洋型（W）鸟类处于绝对优势地位，所占比例高达 56.4%，有大量主要分布于热带、南亚热带的鸟类出现在黑石顶自然保护区，同时，黑石顶自然保护区内也有一定数量的喜马拉雅 – 横断山脉分布型鸟类，鸟类多样性理应更高。

2.4 哺乳动物区系与分布特点

2.4.1 研究历史

黑石顶自然保护区哺乳动物一直没有系统调查，香港嘉道理农场暨植物园华南生物多样性快速调查在黑石顶也未开展哺乳动物调查。在王英勇、刘阳（2014）出版的《黑石顶陆生脊椎动物图谱》中列出的几种脊椎动物都是作者在 2008-2014 年的实习过程中的零散记录，其中，红颊长吻松鼠是红腿长吻松鼠的错误鉴定。

2.4.2 调查方法

（1）啮齿目 RODENTIA 和劳亚食虫目 LIPOTYPHLA 调查方法。

调查区域主要集中于黑石顶自然保护区西侧和南侧，依据车辆可通行程度分散设定 4 处大样点，每个大样点处分设 2 个小样点，每个样点放置 3 条以上 100~200 m 长的样线，每日下午 3 点后，沿线间隔 5~10 m 在鼠迹明显处放置 20~30 个鼠铗，以带壳花生为诱饵，并拴红绳作为标记，次日早上 9 点左右收回夹子，记录捕获情况。先清理干净鼠体表面泥沙脏污等，用相机拍摄清晰的背面、腹面和侧面照片，放置直尺作为比例参照物；记录初步鉴定种类、性别、繁殖状态、测量体重、头体长、尾长、后足长及耳高等形态参数，保存头骨完好个体制作假剥制标本。用 75% 以上浓度酒精保存大腿肌肉组织 2 份以上，用于后续存疑物种的分子鉴定和其他遗传分子分析。

（2）翼手目 CHIROPTERA 调查方法。

针对翼手目（俗称蝙蝠）的活动特点和行为习性，主要使用日栖息地调查、夜栖息地调查和网捕法调查。

①日栖息地调查：蝙蝠日间聚集于日栖息地（如自然溶洞、穿山水利洞、老旧房子、下水道等）休息，调查员白天进入进行调查、捕捉；对于树栖蝙蝠（如扁颅蝠或小黄蝠等），则有针对性地对相应的植物进行调查。

②夜栖息地调查：夜晚蝙蝠捕食过程中，有可能利用废弃的楼房、凉亭、桥底等作为夜栖息地临时休息、处理食物，调查员于晚上不定时对此类栖息地进行调查、捕捉。

③网捕法调查：傍晚开始在蝙蝠潜在的捕食区或飞行路线上布网（雾网或竖琴网）捕捉，使用雾网时每隔 30 min 查网，当晚 23:00 左右收网；使用竖琴网时次日早晨查网。

对捕捉到的蝙蝠进行鉴定，并记录物种、体重、性别、年龄、繁殖状态、捕捉时间、捕捉地点（包括经纬度和海拔）等相关信息；对于当时难以鉴定的物种进行特征拍照，微创取样后回实验室进一步鉴定。

（3）红外相机固定样点调查监测。

主要调查对象为中大型哺乳动物、有特征性花纹和外形特征的小型哺乳动物、在地面和灌丛中生活的鸟类。

①相机布设：在黑石顶自然保护区布设 42 台红外相机，基本覆盖保护区的适宜区域和海拔梯度；记录每台相机安放位点的经纬度和海拔高度，同时记录每个位点的环境数据，其中，生物因子包括植物组成和植被特点；非生物因子包括海拔、温度、湿度、地形、坡度、水源、土壤、岩性等；相机架设高度不高于 1.5 m（通常为 30~50 cm），镜头略向下倾角。布设位置应尽量避免地形太过陡峭的区域，也要避免阳光直射镜头；每台相机给予一个与样方相关联的编号，相机的储存卡也给予同样的编号，储存卡和机身必须是准确的对应关系，不同相机和储存卡之间不能交替使用，以免数据错乱。

②数据内容：每个位点出现的物种及其出现频次、时间、行为等数据，记录位点环境数据，物种总名录，部分频繁出现物种的活动规律、行为习性和环境偏好特点。

（4）相关依据。

①鉴定依据和分类系统。

鉴定依据：《中国兽类图鉴》（刘少英、吴毅，2019）和《中国兽类野外手册》（Smith、解焱，2009）。

分类系统：《中国兽类名录》（魏辅文等，2021）。

②物种保护等、受胁物种、特有种和区系与分布型：同本章 2.1.4。

2.4.3 调查结果

（1）分类厘定。

①相机布设：红腿长吻松鼠 *Dremomys pyrrhomerus*：Thomas，1895。

红颊长吻松鼠 *Dremomys rufigenis*：王英勇、刘阳，2014。

②省级新记录。

喜山鼠耳蝠 *Myotis muricola*：Gray，1846。

（2）物种组成。

基于本研究数据，整合过去几年的调查数据，最终确认目前黑石顶省级自然保护区哺乳动物共计 4 目 13 科 22 属 39 种，见表 2.7。

翼手目 CHIROPTERA 多样性最高，共记录 3 科 7 属 22 种，占保护区哺乳动物的 56.4%；其次是啮齿目 RODENTIA，共记录 4 科 7 属 9 种，占 23.1%；翼手目与啮齿目合计 31 种，合计占保护区哺乳动物 79.5%。其余 2 目共计 8 种，仅占 20.5%，以食肉目 CARNIVORA 多样性最高，记录了 3 科 6 属 6 种；偶蹄目 ARTIODACTYLA 记录了 2 科 2 属 2 种。

科多样性方面，6 个科（猫科 Felidae、猪科 Suidae、鹿科 Cervidae、鼹形鼠科 Spalacidae、豪猪科 Hystricidae、林狸科 Prionodontidae）仅有 1 属 1 种；3 个科（鼬科 Mustelidae、松鼠科 Sciuridae、灵猫科 Viverridae）记录了 2 属 2 种；其余 4 个科中包含了 10 属 27 种，合计占本区哺乳动物物种数的 76.9%。其中，蝙蝠科 Vespertilionidae 有 5 属 16 种，占保护区哺乳动物物种数的 41.0%；鼠科 Muridae 有 3 属 5 种，占保护区哺乳动物物种数的 12.8%；菊头蝠科 Rhinolophidae 和蹄蝠科 Hipposiderida 均为 1 属 3 种。

属多样性方面，有 14 个属只记录 1 种，占本区哺乳动物属的 63.6%；有 4 个属记录了 2 种，剩余的 4 个属中，鼠耳蝠属 *Myotis* 记录 7 种，管鼻蝠 *Murina* 记录了 4 种，菊头蝠属 *Rhinolophus* 记录了 3 种，蹄蝠属 *Hipposideros* 记录了 3 种。

2.4.4 保护动物

国家重点保护野生动物共 3 种，小灵猫 *Viverricula indica* 为国家一级保护动物，斑林狸 *Prionodon pardicolor*、豹猫 *Prionailurus bengalensis* 为国家二级保护动物。

2.4.5 受胁物种

IUCN 受胁物种 1 种，即小蹄蝠 *Hipposideros pomona*，为濒危（EN）受胁等级。

《中国生物多样性红色名录》受胁物种 3 种，为小灵猫、斑林狸、豹猫，均为易危（VU）等级。

表 2.7　黑石顶自然保护区哺乳动物名录及相关主要信息

哺乳动物多样性编目	分布型	保护等级	China RL	IUCN RL
一、翼手目 CHIROPTERAS				
1. 菊头蝠科 Rhinolophidae				
中菊头蝠 *Rhinolophus affinis*	Wd			
中华菊头蝠 *Rhinolophus sinicus*	Sd			

续表

哺乳动物多样性编目	分布型	保护等级	China RL	IUCN RL
清迈菊头蝠 *Rhinolophus siamensis*	Wd			
2. 蹄蝠科 Hipposideridae				
大蹄蝠 *Hipposideros armiger*	Wd			
小蹄蝠 *Hipposideros pomona*	Wc			EN
中蹄蝠 *Hipposideros larvatus*	Wb			
3. 蝙蝠科 Vespertilionidae				
喜山鼠耳蝠 *Myotis muricola*	Wc			NT
华南水鼠耳蝠 *Myotis laniger*	Sf			
鼠耳蝠 *Myotis* sp.	/			
长指鼠耳蝠 *Myotis longipes*	Si			
印支鼠耳蝠 *Myotis indochinensis*	Wc			
霍氏鼠耳蝠 *Myotis horsfieldii*	Wa			
大卫鼠耳蝠 *Myotis davidii*	Uh			
东亚伏翼 *Pipistrellus abramus*	Ea			
伏翼 *Pipistrellus* sp.	/			
卡氏伏翼 *Hypsugo cadornae*	Sb			
华南扁颅蝠 *Tylonycteris fulvida*	Wb			
托京褐扁颅蝠 *Tylonycteris tonkinensis*	Wb			
圆耳管鼻蝠 *Murina cyclotis*	We			
艾氏管鼻蝠 *Murina eleryi*	Wc			
管鼻蝠 *Murina* sp.	/			
毛翼蝠 *Harpiocephalus harpia*	Wc			
二、食肉目 CARNIVORA				
4. 鼬科 Mustelidae				
黄腹鼬 *Mustela kathiah*	Sd			
鼬獾 *Melogale moschata*	Sd			
5. 灵猫科 Viverridae				
花面狸 *Paguma larvata*	We			
小灵猫 *Viverricula indica*	Wd	一级		VU
斑林狸 *Prionodon pardicolor*	Wc	二级		VU
6. 猫科 Felidae				
豹猫 *Prionailurus bengalensis*	We	二级		VU
三、偶蹄目 ARTIODACTYLA				
7. 猪科 Suidae				
野猪 *Sus scrofa*	Uh			

哺乳动物多样性编目	分布型	保护等级	China RL	IUCN RL
8. 鹿科 Cervidae				
小麂 *Muntiacus reevesi*	Sd			
四、啮齿目 RODENTIA				
9. 松鼠科 Sciuridae				
倭花鼠 *Tamiops maritimus*	Wc			
红腿长吻松鼠 *Dremomys pyrrhomerus*	Sc			
10. 鼹形鼠科 Spalacidae				
银星竹鼠 *Rhizomys pruinosus*	Wb			
11. 鼠科 Muridae				
褐家鼠 *Rattus norvegicus*	Ue			
黑缘齿鼠 *Rattus andamanensis*	Wc			
华南针毛鼠 *Niviventer huang*	Wc			
海南社鼠 *Niviventer lotipes*	Wb			
青毛巨鼠 *Berylmys bowersi*	Wc			
12. 豪猪科 Hystricidae				
马来豪猪 *Hystrix brachyura*	Wd			

2.4.6 区系特征

（1）分布型。

黑石顶省级自然保护区39种哺乳动物中，作为华南区代表成分的东洋型（W）物种24种，占61.5%。其中，热带-中亚热带亚型（Wc）10种，热带-南亚热带亚型（Wb）和热带-北亚热带亚型（Wd）各5种，热带-温带（We）亚型3种，热带亚型（Wa）1种。

作为华中区代表成分的南中国型（S）8种，占20.5%，其中热带-北亚热带亚种（Sd）4种，其他热带-南亚热带亚种（Sb）、热带-中亚热带亚种（Sc）、南亚热带-北亚热带亚种（Sf）、中亚热带亚种（Si）均为1种。

作为主要分布在华北区的古北型（U）物种3种，占7.7%。其中，温带为主，再伸至热带（欧亚温带-热带型）亚种（Uh）2种，北方湿润-半湿润带亚种（Ue）1种。

此外，还有分布广泛的季风区型（E）1种，属于包含阿穆尔或再延伸至俄罗斯远东地区（Ea）；以及3种目前未鉴定的物种（1种鼠耳蝠、1种伏翼、1种管鼻蝠）。

（2）中国特有种。

黑石顶自然保护区哺乳动物有2种中国特有物种，红腿长吻松鼠 *Dremomys pyrrhomerus*、海南社鼠 *Niviventer lotipes*，前者为南中国型热带-中亚热带亚型（Sc），后者为东洋型热带-南亚热带（Wb）。

表2.8 黑石顶自然保护区哺乳动物名录及相关主要信息

分布型	分布亚型	种数	中国特有种
季风区型（E）1种，占2.6%	包含阿穆尔或再延伸至俄罗斯远东地区（Ea）	1	
南中国型（S）8种，占20.5%	热带-南亚热带（Sb）	1	
	热带-中亚热带（Sc）	1	1
	热带-北亚热带（Sd）	4	
	南亚热带-北亚热带（Sf）	1	
	中亚热带（Si）	1	
东洋型（W）24种，占61.5%	热带（Wa）	1	
	热带-南亚热带（Wb）	5	1
	热带-中亚热带（Wc）	10	
	热带-北亚热带（Wd）	5	
	热带-温带（We）	3	
古北型（U）3种，占7.7%	北方湿润-半湿润带（Ue）	1	
	温带为主，再延伸至热带（欧亚温带-热带型）（Uh）	2	
未定种	未定种	3	

(3) 区系构成。

把未定种剔除，余下的36种，其中，东洋界物种32种，占36种的88.9%，处于绝对优势地位，其中作为华南区代表成分的东洋型物种24种，占36种的66.7%，作为华中区代表成分的南中国型8种，占36种的22.2%；古北界3种，广布种1种（即季风型的东亚伏翼）。

2.4.7 分析与结论

（1）物种多样性水平中等。

黑石顶自然保护区共记录哺乳动物4目13科22属39种，处于广东省内自然保护区哺乳动物物种多样性中等水平。广东南岭国家级自然保护区通过2年的调查，共调查到哺乳动物6目18科26属59种（张礼标等，2018），广东怀集大稠顶省级自然保护区共调查到哺乳动物8目19科49种（2021），广东东源康禾省级自然保护区共调查到哺乳动物6目14科30种（谢伟良，2018），福田红树林国家级自然保护区共调查到哺乳动物5目9科14属18种（卢学理等，2015）。

黑石顶自然保护区哺乳动物中翼手目多样性较高，共记录了3科22种，且发现1种省级新记录种，还有3种未鉴定种。黑石顶自然保护区记录的翼手目蝙蝠科物种数量尤多（5属16种），广东南岭国家级自然保护区记录到的蝙蝠科也达到了8属18种。

（2）区系既有鲜明的热带性质，又具有明显过渡性质。

黑石顶自然保护区划为东洋界、华南区、闽广沿海亚区，处于中亚热带向南亚热带过渡地带，从其分布型和区系组成看，哺乳动物与两栖、爬行动物一样，既有鲜明的中亚热带性质，又具有明显过渡性质，即作为华南区代表成分的东洋型物种是保护区哺乳动物的主要成分，占比高达占61.5%，而作为华中区代表成分的南中国型近占20.5%。因此，黑石顶自然保护区哺乳动物区系是以华南区（东洋型）成分为主，亦汇聚了一定数量的华中区（南中国型）成分。

（3）植被保存完好，为树栖蝙蝠提供充足栖息地。

调查发现，黑石顶自然保护区的翼手目蝙蝠科管鼻蝠属物种较为丰富，使用竖琴网捕捉到了 4 种管鼻蝠（其中 1 种尚未鉴定到种）。管鼻蝠主要为树栖蝙蝠，且其生存环境要求森林植被保存较为完好，在黑石顶自然保护区发现了较多的管鼻蝠说明保护区植被保护成绩较为突出。可进一步开展翼手目调查，有可能会有新发现。

3 黑石顶自然保护区陆生脊椎动物图鉴

3.1 两栖动物图鉴

黑石顶自然保护区记录的两栖动物 7 科 24 种，均为无尾目 ANURA 物种，本节收录了其中的 23 种。

3.1.1 密疣掌突蟾
Leptobrachella verrucosa

无尾目 ANURA
角蟾科 Megophryidae

识别特征：头体长 26~32 mm。头大。眼大，瞳孔直立。吻高，吻棱圆；颊部倾斜，稍凹。鼓膜清晰。背部皮肤粗糙，通常棕色或深棕色，两眼间有深色三角形斑，背上有深色"W"形斑，均镶浅色边缘；四肢背面有纵行皮肤棱和深色横斑纹；没有背侧褶；颞褶清晰，在前肢基部上方有一个圆形浅红色腺体。腹面皮肤光滑，灰白色；胸腹部散布黑斑；白色胸腺较大；大腿后面浅红色股腺稍大于趾端；白色腹侧腺排成 2 条平行纵行。胫跗关节前伸达眼前角；指趾无蹼，端部稍膨大成球状。圆形内掌突和外掌突较大；趾缘膜较宽；有内蹠突，无外蹠突。雄性有单个咽下外声囊。

生境与习性：常见于 4~6 月。在溪流中岩石上或溪边的落叶层、植物茎秆上常见。在雨后或雨中远离溪流，常见于路上。

地理分布：中国特有种。目前仅知分布于广东省黑石顶自然保护区、怀集大稠顶省级自然保护区和连山笔架山省级自然保护区，省外分布于广西大瑶山。

种群状况：保护区常见种。

3.1.2 封开角蟾
Boulenophrys acuta

无尾目 ANURA
角蟾科 Megophryidae

识别特征：小型角蟾，成年头体长 27.1~33.6 mm。头长几乎与头宽相等。瞳孔直立。吻尖，吻棱发达；鼓膜大而清晰。无犁骨齿。舌端无凹刻。背侧皮肤光滑，有很多小颗粒和少量疣粒，在背部形成"X"形棱嵴和其两侧的不连续背侧棱嵴。上眼睑边缘有一个发达的角状疣粒。背侧棕色或深棕色，两眼间有完整或不完整深色三角形斑，背上有长方形暗色斑，有时形成"X"形斑；大腿背面有 3~5 条深色横纹。颞褶清晰，白色；没有背侧褶。腹面皮肤光滑；白色胸腺较大，靠近腋窝。腿短，左右跟部不相遇，胫跗关节前伸达瞳孔位置；指趾端稍膨大成球状；指序 I < II ≤ IV < III；脚趾缘膜窄，有蹼迹。雄性有单个咽下外声囊。雌性输卵管内卵浅黄色。

生境与习性：多分布在溪边的落叶层、植物茎秆上。在雨后或雨中远离溪流，常见于路上。雄性全年鸣叫。

地理分布：黑石顶自然保护区为该种的模式产地。仅见于黑石顶自然保护区及其毗邻的七星顶自然保护区海拔 270~450 m 的区域。

种群状况：保护区 4~8 月相对常见。IUCN 评估为极危（CR）等级。

3.1.3 黑石顶角蟾
Boulenophrys obesa

无尾目 ANURA

角蟾科 Megophryidae

识别特征：体形肥短的小型角蟾，成年雌性头体长 37.5 ~ 41.2 mm，雄性稍小，35.6 mm。头宽稍大于头长。瞳孔直立。吻端圆钝，吻棱发达；鼓膜清晰，稍大于眼径的一半。无犁骨齿。舌端无凹刻。背侧皮肤光滑，有很多小颗粒和少量疣粒，通常体侧有几枚脓包状大疣粒，两眼间有皮肤粒形成的三角形，其顶端在枕部，背部形成"X"形或"Y"形棱嵴，其两侧常有不连续背侧棱嵴。上眼睑边缘有一个不发达的角状疣粒。颞褶清晰，白色；没有背侧褶。背侧棕色或深棕色，两眼间有中央棕色的完整或不完整深色三角形斑，通常在背部形成"X"形斑；大腿背面有深色横纹。腹面深棕色，皮肤光滑；白色胸腺有黑色边缘，靠近腋窝。腿短，左右跟部不相遇，胫跗关节前伸达眼后缘。指趾端稍膨大成球状；指序 Ⅰ < Ⅱ ≤ Ⅳ < Ⅲ；脚趾无缘膜，有蹼迹。雌性输卵管内卵浅黄色。

生境与习性：该角蟾行踪十分隐蔽，只在雨后或雨中发现于路上，或趴在路边植物上。

地理分布：黑石顶自然保护区为该种的模式产地。微特有物种，仅见于黑石顶自然保护区海拔 430 m 附近区域。

种群状况：种群数量相对较小，不易见到。IUCN 评估为极危（CR）等级。

3.1.4 黑眶蟾蜍
Duttaphrynus melanostictus

无尾目 ANURA
蟾蜍科 Bufonidae

识别特征：雄蟾体长约 76 mm，雌蟾体长约 106 mm。头顶两侧各有一条由上眼眶边缘沿吻棱至吻端的黑色骨质棱。鼓膜大而明显。背部和体侧密布瘰粒和疣粒，腹部和四肢密布疣粒，疣粒上有黑色角质刺。体色多变。雄性具 1 个声囊，繁殖季节第 1、2 指基部有黑色婚垫。

生境与习性：皮肤角质化程度高，适应不同海拔的各种生境。除繁殖期在水中生活外，一般多在陆地活动。雨后或雨中会大量出现于植被稀少或裸露的地面上。嗜食蚯蚓、软体动物和昆虫。春季繁殖。

地理分布：广布种，中国主要分布于华南和东南地区。

种群状况：常见种，种群数量大。

3.1.5 华南雨蛙
Hyla simplex

无尾目 ANURA
雨蛙科 Hylidae

识别特征：雌蛙体长约 37 mm，雄蛙体长约 40 mm。吻圆而高，鼓膜显著。体背光滑，草绿色，口角处有一白斑；体侧和四肢均无黑斑。头侧自吻端经鼻孔上缘、过眼、沿体侧至泄殖腔孔及四肢绿色下缘有 1 条白色或浅黄色线纹，其下有 1 条近黑色细线；头侧还有 1 组同样的黑白（或浅黄）线自吻端经鼻孔下方，过眼后经鼓膜下缘，最终形成白斑上缘；两组线纹之间为棕色过眼宽纹；上臂内侧及背侧，前臂内侧至 1、2 指背侧，腋窝处，体侧后部及腹股沟，后肢内侧和后侧至内侧四趾背面橙黄色；腹面密布乳白色疣粒，喉浅黄色。跟部重叠，胫跗关节前达眼后角；指趾端有吸盘；指间微蹼；外侧 3 趾间具半蹼。无背侧褶；颞褶细而斜直。雄蛙具单个咽下外声囊。

生境与习性：树栖型。栖息于海拔 20~230 m 的水域附近灌丛、水塘、芭蕉、竹林等植物上。

地理分布：中国特有种，分布于广西东部、广东珠江流域（不包括谭江和崖门水道）所覆盖的丘陵山地，向东横跨包括罗霄山脉的长江以南的广大华东地区。

种群状况：种群数量大，常见于农田和沼泽环境。

3.1.6 粗皮姬蛙
Microhyla butleri

无尾目 ANURA
姬蛙科 Microhylidae

识别特征： 体小，头体长约 22 mm。头三角形，吻端钝尖。鼓膜不显。无犁骨齿。指趾端有小吸盘。指间无蹼；趾间微蹼。跟部重叠，胫跗关节前达眼部。体背粗糙，多疣粒，疣粒排成纵行。背灰棕色或红棕色，有独特的镶有黄边的黑棕色大斑。四肢有黑色斑纹。腹面白色，喉部有小黑斑点。雄蛙具单个咽下外声囊。

生境与习性： 静水型。生活于丘陵山区的水田、水沟、草地等环境，于静水中繁殖。春、夏两季繁殖。

地理分布： 中国分布于云南、四川东部至浙江以南地区。国外分布于印度、缅甸、越南、泰国、马来西亚、新加坡。

种群状况： 常见种，种群数量大。

3.1.7 饰纹姬蛙
Microhyla fissipes

无尾目 ANURA
姬蛙科 Microhylidae

识别特征： 体小，头体长约 22 mm。头小，三角形，吻钝尖，整个身体背面观亦呈三角形。无犁骨齿。跟部重叠，胫跗关节前达肩部或肩部前方。指趾端无吸盘。趾间有蹼迹。背面皮肤略显粗糙，有小疣排列成行。腹面光滑。背棕色或深棕色，前后有 2 个深棕色 "∧" 形斑或为两眼间至胯部的深色大斑，两侧有不甚明显的细纵纹。有细脊线。四肢有深色横纹。腹面白色，雌蛙咽喉部有深灰色小斑点，雄蛙咽喉部黑色，具单个咽下外声囊。

生境与习性： 静水型。生活于平原、丘陵和山区水田、水沟等环境，于静水中繁殖。春、夏两季繁殖。

地理分布： 中国分布于中部至华南地区，北至山西和陕西。国外分布于泰国和印度尼西亚，东南穿过马来半岛至新加坡也有分布。

种群状况： 常见种，种群数量大。

3.1.8 花姬蛙
Microhyla pulchra

无尾目 ANURA

姬蛙科 Microhylidae

识别特征：雄蛙体长约 30 mm，雌蛙体长约 33 mm。头小，吻尖。皮肤光滑，两眼间有深色横纹，从眼后至体侧后方有若干重叠相套、镶浅色线纹的"∧"形黑棕色斑纹和大斑。四肢背面有粗细相间、镶浅色纹线的棕黑色横纹；腋部、体侧后部、腹股沟、大腿腹面及两侧、小腿和跗蹠部腹面柠檬黄色。腹部黄白色。胫跗关节前达眼部。雄蛙具单个咽下外声囊。

生境与习性：静水型。见于水洼地和田间、灌木草丛或泥窝内。跳跃能力强。雄蛙叫声响亮。春、夏两季繁殖。

地理分布：中国分布于华中、华南和华东地区，以及云南、贵州、甘肃。国外分布于日本、中南半岛、马来半岛、印度、尼泊尔等地。

种群状况：常见种，种群数量大。

3.1.9 小弧斑姬蛙
Microhyla heymonsi

无尾目 ANURA

姬蛙科 Microhylidae

识别特征：体长稍长于 20 mm，成年雌性稍大于雄性。头小，吻尖。无犁骨齿。鼓膜不显。颊部几垂直。跟部重叠，胫跗关节前达眼部。趾端微有吸盘。趾间有蹼迹。皮肤光滑。背面浅灰色或浅褐色，自吻端至肛部有一浅色细脊线，在脊线两侧有 2 对前后排列黑色弧形斑。四肢有黑色斑纹。腹部白色。雄性具单个咽下外声囊。

生境与习性：栖息于山区靠近水源的环境中，于静水中繁殖。蝌蚪唇褶宽，呈圆形翻领状。

地理分布：黑石顶自然保护区内多见于保护区管理局至核心区土路及其两侧的沟渠内。国外分布于马来半岛、苏门答腊岛、印度。

种群状况：常见种。

3.1.10 虎纹蛙
Hoplobatrachus chinensis

无尾目 ANURA
叉舌蛙科 Dicroglossidae

识别特征：体形中等。吻钝尖，吻棱圆钝，颊区倾斜。后肢相对较短，跟部相遇或略重叠，胫跗关节前达鼓膜。指趾端尖，不膨大。趾间全蹼。皮肤粗糙，体背满布长短不一的纵肤褶和疣粒。颞褶发达；无背侧褶。胫部疣粒排列成行。背黄绿色、灰棕色或墨绿色，有不规则深色斑纹；四肢背面有深色横纹；腹面白色，喉胸部有深色斑纹。雄性有一对咽侧下外声囊。

生境与习性：静水型。栖息于山区丘陵地区的农田、池塘、水坑内。春、夏两季繁殖。

地理分布：中国主要分布在长江以南地区，以及台湾、海南，北至陕西南部和河北南部。

种群状况：种群数量较小，不易见。由于过度捕捉而被《中国生物多样性红色名录》列为濒危（EN）等级，国家二级保护动物。

3.1.11 泽陆蛙
Fejervarya limnocharis

无尾目 ANURA
叉舌蛙科 Dicroglossidae

识别特征：中小型蛙类，成体体长一般不超过 50 mm，雌雄性体形差别不大。吻尖，吻棱不显，颊部倾斜。鼓膜大而清晰。前后肢相对较短，跟部相遇或不相遇，胫跗关节前达肩部到眼后方。指趾端尖，不膨大。趾间半蹼。皮肤粗糙，体背满布长短不一的纵肤褶和疣粒。无背侧褶，颞褶清晰。体色多变，两眼间常有深色横纹，肩部常有"W"形深色斑纹；有或无浅色脊线。雄性具单个咽下声囊。

生境与习性：静水型。栖息于沼泽湿地和池塘等多种生境。春、夏两季繁殖。

地理分布：中国分布于亚热带至热带地区。国外分布于日本、东南亚地区。

种群状况：常见种，种群数量大。

3.1.12 福建大头蛙
Limnonectes fujianensis

无尾目 ANURA
叉舌蛙科 Dicroglossidae

识别特征：雌蛙最大头体长 55 mm，雄蛙最大头体长 65 mm，雄蛙显著大于雌蛙。成年雄蛙头甚大，枕部隆起，头长大于头宽而略小于体长的一半；雌蛙头部相对小，枕部低平。吻钝尖，吻棱显著，颊区甚倾斜。鼓膜隐蔽于皮下。前后肢短粗，跟部不相遇，雄蛙胫跗关节前伸达眼后角，雌蛙达肩部。指趾端略膨大成球状。指间无蹼；趾间半蹼。体背皮肤粗糙，有圆疣和皮肤棱，尤以眼后颞区上方有 1 对彼此平行的长肤棱，背部肩上方有一黑色"∧"形皮肤棱为其显著特征。无背侧褶；颞褶较发达；腹面皮肤光滑。背面灰棕色或黑褐色，两眼间有深色横纹；唇缘有深色纵纹，四肢背面有黑横纹。雄性无声囊。

生境与习性：栖息于路边和田间的小水沟或浸水塘内。

地理分布：中国主要分布在长江以南地区，以及台湾、海南，北至陕西南部和河北南部。中国特有种。

种群状况：常见种，种群数量大。

3.1.13 棘胸蛙
Quasipaa spinosa

无尾目 ANURA
叉舌蛙科 Dicroglossidae

识别特征：体肥硕，雌蛙头体长可超过 120 mm。头宽大于头长。吻端圆，吻棱钝圆，颊区倾斜。鼓膜隐蔽。前后肢短粗，跟部相遇或略重叠，雄蛙胫跗关节前伸达眼部。指趾端略膨大成球状。关节下瘤发达。指间无蹼；趾间近满蹼。背侧皮肤较光滑，有疣粒，疣粒上常有 1 枚黑刺；雄蛙背部有皮肤褶。无背侧褶；颞褶稍发达，有零星刺疣。腹面皮肤光滑，雄蛙胸部满布黑刺的疣粒。背面棕色或黑棕色，两眼间有深色横纹，有或无浅色脊线，体背常有灰黑色云斑，唇缘有深色纵纹，四肢背面有灰黑横纹。雄性具单个咽下内声囊，繁殖季节内侧 2~3 指有黑色强婚刺。

生境与习性：溪流型。栖息于山区中植被繁茂的山溪中。春、夏两季繁殖。

地理分布：中国分布于华南、华东地区，以及贵州、云南等地。国外分布于越南。

种群状况：种群数量相对较大。由于过度捕捉，种群严重受胁，被 *IUCN RL* 和《中国生物多样性红色名录》列为易危（VU）物种。

3.1.14 岭南浮蛙
Occidozyga lingnanica

无尾目 ANURA
叉舌蛙科 Dicroglossidae

识别特征： 体形小而肥短，雄蛙体长 19.9~22.1 mm，雌蛙体长 26.8~28.8 mm。头小，吻短而略呈三角形；鼻孔和眼位于头侧面；鼓膜隐藏，不可见。舌宽而肿胀，游离端圆，不具缺刻；无犁骨棱和犁骨齿。指间无蹼，指序 Ⅱ = Ⅰ < Ⅳ < Ⅲ；无跗褶，趾间具 2/3 蹼，趾序 Ⅰ < Ⅱ < Ⅴ < Ⅲ < Ⅳ；后肢较短，左右跟部不相遇，后肢贴体前伸胫跗关节达颞褶后缘。背面皮肤较粗糙，散布大疣，眶间微有肤褶，枕部略隆起；腹面有扁平疣粒。体背多为灰棕色，有不规则黑斑点；背中部脊线纹不清晰。四肢上有深棕色横斑；腹面乳白色，咽喉部深褐色。雄蛙具咽下单声囊，繁殖季节第一指有浅黄色婚垫，婚刺颗粒状。

生境与习性： 静水型。栖息于水洼地、农田和各类沼泽湿地。

地理分布： 新描述物种。目前可以确认的分布区包括中国广东珠江口及以西沿海地区、广西中南部、海南。

种群状况： 城市化进程导致栖息地减少。农田耕作方式改变、农药的广泛使用等因素，均对本种带来严重威胁，符合 IUCN RL 易危（VU）物种等级评定标准。

3.1.15 沼水蛙
Hylarana guentheri

无尾目 ANURA
蛙科 Ranidae

识别特征： 体形中等，最大头体长可达 100 mm。皮肤光滑，背侧褶发达，自眼睑后直达胯部并与对侧的背侧褶平行；无颞褶；胫部有纵行的肤棱。第四趾蹼达远端关节下瘤，其余各趾全蹼。体色棕色或灰棕色。颌腺浅黄色。背侧褶下缘有黑色纵纹，体侧有不规则黑斑。雄性肱腺肾形。有 1 对咽下外声囊。

生境与习性： 静水型。栖息于池塘、水田、溪流以及水洼地。白天隐伏，夜间活动。繁殖季节雄蛙往往停在水草面上鸣叫求偶。食物以昆虫、蚯蚓、螺类等为主，也捕食幼蛙，甚至蝙蝠。春、夏两季繁殖。

地理分布： 中国分布于第二、第三阶梯秦岭和大别山以南的华西、中南、华南和华东地区。国外分布于中南半岛北部。

种群状况： 常见种，种群数量大。

3.1.16 台北纤蛙
Hylarana taipehensis

无尾目 ANURA

蛙科 Ranidae

识别特征：体小而纤长，雄蛙头体长约 30 mm，雌蛙约 40 mm。吻长而尖，吻棱清晰。鼓膜大而明显。背侧褶细，自眼后到胯部。前肢细弱，后肢细长，左、右跟部重叠甚多。指/趾末端略膨大。趾间具蹼，蹼缘缺刻深。皮肤较光滑。四肢背面腺体多。腹面皮肤光滑。体背绿色或棕色，背侧褶黄色，背侧褶两侧镶以深色细线纹。四肢浅棕色，股部常具不明显的横纹。腹面灰黄色。

生境与习性：静水型。栖息于沼泽湿地和池塘。夏季繁殖。

地理分布：中国分布于云南、贵州、福建、台湾、广东、香港、海南、广西。国外分布于老挝、越南、柬埔寨、缅甸、泰国、孟加拉国。

种群状况：黑石顶自然保护区较罕见。

3.1.17 龙头山臭蛙
Odorrana leporipes

无尾目 ANURA

蛙科 Ranidae

识别特征：成年雌蛙头体长约为成年雄蛙的 2 倍，通常雄蛙头体长 42~53 mm，雌蛙 78~100 mm。腿细长，跟部重叠较多，胫跗关节前伸超过吻端。指趾均具吸盘和腹侧沟。指间无蹼，趾间满蹼。背面皮肤光滑，无疣粒；颌腺 2 个；体侧颗粒状有疣粒；略具背侧褶。腹面皮肤光滑。背面绿色，多有深褐色斑点；两眼间有一个不清晰的浅黄色圆形点斑；头侧及体侧上部深棕色，体侧下部色浅，唇及颌腺乳白色；四肢背面棕色，具深棕色横纹。股后浅黄色有棕色大理石斑纹。体腹面乳白色，四肢腹面乳黄色，有时有深色斑纹。雄性有 1 对咽下声囊，繁殖季节第一指背面具白色婚垫。

生境与习性：溪流型。栖息于山区森林，常见于溪流及其附近。春、夏两季繁殖。

地理分布：中国特有种，广泛分布于广东除珠江口以西、西江以南、粤北以外的所有山区，还分布于安徽、浙江、江西、湖南、湖北、福建、香港、广西。

种群状况：常见种。

3.1.18 封开臭蛙
Odorrana fengkaiensis

无尾目 ANURA
叉舌蛙科 Dicroglossidae

识别特征：大型臭蛙，雌蛙最大个体头体长 105.9 mm，雄蛙最大个体头体长 52.9 mm；雌蛙平均头体长约为雄蛙平均头体长的 2 倍。头长显著大于头宽。吻背面观钝尖，侧面观圆形，显著突出于下唇。吻棱圆钝，发达。颊部向外倾斜，中部内凹。鼓膜清晰，圆形。后肢长，跟部重叠，胫跗关节超过吻端。指趾端吸盘发达，端部尖出；有腹侧沟；椭圆形关节下瘤发达，有指基下瘤。指间无蹼，指侧有缘膜；指序Ⅱ＜Ⅰ＜Ⅳ＜Ⅲ。足满蹼至趾端吸盘，蹠间蹼发达，第4趾蹼缘至第3关节下瘤下方。背侧皮肤密布颗粒而呈鲨鱼皮状，体侧有脓包状疣粒，在背侧褶位置有大疣粒排列成一纵行。无背侧褶。腹侧皮肤光滑。背棕色，有或无绿色网状斑纹。四肢和指趾背面有横向深棕色斑带，蹼灰黑色，有浅色大理石斑纹，蹼边缘浅色。腹侧白色，喉胸部有暗斑。雄性第一指有天鹅绒状发达婚垫和婚刺；有 1 对声囊。成熟雌性输卵管内卵动物极棕黑色，植物极灰棕色。

生境与习性：栖息于海拔 190～510 m 的大型溪流或河流，夜晚蹲伏于岸边地面或树枝上，受惊吓即跳入水中。黑石顶自然保护区全年可见。

地理分布：黑石顶自然保护区为该种的模式产地。中国分布于广东、广西。国外分布于越南。

种群状况：区域常见种。

3.1.19 华南湍蛙
Amolops ricketti

无尾目 ANURA
蛙科 Ranidae

识别特征： 体形中等，雌蛙略大于雄蛙，头体长平均约55 mm。头体均较平扁。吻棱清晰。颊部略倾斜。鼓膜小，清晰或不显。跟部重叠，胫跗关节前伸达眼。吸盘发达，具腹侧沟，指吸盘大于趾吸盘；指间无蹼。趾间满蹼。背面皮肤满布粗糙颗粒，体侧有脓包状突起；无背侧褶；颞褶略显，颌腺1~2个。腹面皮肤颗粒状或有细皱纹。体背面灰绿色或黄绿色，有浅色蠹状纹，四肢有深色横纹。腹面黄白色，咽胸部有深色大理石斑纹。雄性第一指基部具发达婚垫，上有乳白色粗密强婚刺。无声囊。蝌蚪胸腹部有吸盘。

生境与习性： 栖息于山区湍急溪流中。黑石顶自然保护区见于海拔300~700 m的中大型溪流中。

地理分布： 中国特有种，主要分布于福建、江西、湖南东部、广东北部、广西西部。

种群状况： 黑石顶自然保护区内常见。

3.1.20 汉森侧条树蛙
Rohanixalus hansenae

无尾目 ANURA
树蛙科 Rhacophoridae

识别特征：体小而细长，成年雌蛙略大于雄蛙，体长 22~27 mm。指、趾具吸盘；指间微蹼，第3、4指基部极靠近，与1、2指形成对握状；后肢细长，贴体前伸可达眼部，趾间半蹼。体背颜色淡黄色至棕色，散布黑褐色小斑点，2条浅黄色纵纹沿体背侧从吻端经眼延伸到胯部，部分个体眼前方不具有该纵纹；腹面乳黄色或近白色。雄性具有一对咽侧下内声囊。

生境与习性：栖息于水塘附近草丛、芦苇或芭蕉树上。雌蛙把卵产在草叶背面，形成卵团，产卵后的雌蛙会继续留在卵团附近，有抚育行为。孵化的蝌蚪在雨水冲刷下进入积水坑。

地理分布：中国分布于西藏、云南、海南、广西。黑石顶自然保护区的记录为该种在广东的首次记录。主要分布于印度至中南半岛地区。

种群状况：受到来自栖息地被破坏和疾病等因素的严重威胁，种群数量下降较多。

3.1.21 费氏刘树蛙
Liuixalus feii

无尾目 ANURA

树蛙科 Rhacophoridae

识别特征： 体形甚小，雄蛙头体长 17.0~17.5 mm，雌蛙头体长 18.1~19.4 mm。吻钝尖，吻棱清晰，颊部向外倾斜且内凹。颞褶发达。鼓膜大，鼓膜径约为眼径的 2/3。指趾侧有窄缘膜，顶端具发达吸盘和腹侧沟；关节下瘤发达。指间无蹼。第 4 和第 5 趾间约 1/3 蹼，第 1 和第 2 趾间无蹼，其余趾间微蹼。内蹠突长椭圆形。背侧皮肤略显粗糙，有疣粒和皮肤棱，脊线细直，棕红色，断续起棱。腹侧皮肤光滑，密布小痣粒。背暗棕色、浅棕色，两眼间有黑色横斑，体背两侧有前后排列的 2 对 ">" 形和 "八" 字形黑斑，或前后均为 "八" 字形黑斑，或一侧为连续黑色纵纹，另一侧为 2 个黑色圆斑；或体背深棕色，染斑驳的黑绿色。后肢和蹠足背面有黑色横斑纹。腹面白色，有密集黑色小斑点和乳黄色点斑。雄蛙具单个咽下内声囊。

生境与习性： 栖息于海拔 400~550 m 的森林茂密山区，距离溪流等水源较远。每年 3~8 月产卵于树洞中，5 月底进入繁殖旺期。通常每个树洞中的卵数不超过 10 枚。繁殖期发出连续的鸣叫声。

地理分布： 黑石顶自然保护区为该种的模式产地。分布于中国广东、广西。国外分布于越南北部。

种群状况： 黑石顶自然保护区较常见。

3.1.22 斑腿泛树蛙
Polypedates megacephalus

无尾目 ANURA
树蛙科 Rhacophoridae

识别特征： 中等体形树蛙。头体较扁。吻背面观钝尖，侧面观钝圆；吻棱发达。鼓膜大而显著。瞳孔水平椭圆形。后肢细长，跟部重叠，胫跗关节前伸达眼和鼻孔之间。仅趾间有蹼，指趾端具发达吸盘。体背皮肤光滑，有小痣粒；腹面有扁平疣粒。无背侧褶。颞褶发达。体色多变，通常浅棕色，一般具深色"X"形斑或纵条纹。大腿后面具网状斑纹。雄性具单个咽下外声囊，繁殖季节第1、2指有乳白色婚垫。

生境与习性： 树栖型。栖息于水坑、沟渠、山溪、田间、灌木草丛中。春季繁殖，繁殖期雌雄抱对，雌蛙产卵时先以左右跗足将排出的胶质物搅拌成泡沫，随后产出卵，同时与之抱对的雄蛙排出精液。产卵完成后，卵群外形成白色泡沫，随后其表面逐步变成米黄色。卵泡常挂于水边植物上，也见于草丛或泥窝内，也有漂浮于水面的。胚胎发育后期，卵泡的胶质物逐渐液化，至孵化期卵泡整个或部分掉落入水中，蝌蚪进入水中开始自由生活。

地理分布： 中国分布于亚热带至热带地区，向西远至西藏墨脱县。国外分布于越南、泰国、印度。

种群状况： 常见种。

3.1.23 大树蛙
Zhangixalus dennysi

无尾目 ANURA
树蛙科 Rhacophoridae

识别特征： 较大型树蛙，雌蛙略大于雄蛙。头体略扁平。吻端低平而钝尖，吻棱发达。鼓膜大而显著。瞳孔平置椭圆形。后肢长，跟部不相遇或刚刚相遇，胫跗关节前伸达眼或鼻眼之间。指趾端具吸盘，趾吸盘小于指吸盘。体背皮肤光滑，有小痣粒；腹面有扁平疣粒。无背侧褶。颞褶发达。体背绿色，有镶黄色细纹的棕黑色斑点；一般沿体侧有成行的镶有黑色边缘线的白色大斑点，有时为白色纵纹；前臂后侧、跗部后侧均有一条白色或粉红色镶有黑色线纹的纵走宽纹，分别延伸到第四指和第五趾远端。肛门上方也有一条白色宽纹。腹面灰白色；蹼具网状斑纹。幼体背纯绿色，无斑点。雄性具单个咽下内声囊，繁殖季节第1、2指有浅色婚垫。

生境与习性： 树栖型。栖息于山区溪流、稻田、水坑附近的灌木或草丛中。春季繁殖，产卵于泡沫状胶质卵泡中，卵泡乳白色，常挂于水边植物上。至孵化期卵泡整个或部分掉落入水中，蝌蚪进入水中开始自由生活。

地理分布： 中国分布于华东、华南、华中地区，西至贵州、四川。国外分布于缅甸、越南、老挝。

种群状况： 常见种，种群数量大。

3.2 爬行动物图鉴

黑石顶自然保护区共有爬行动物2目18科42属59种，其中龟鳖目3科4属4种；有鳞目蜥蜴亚目4科12属18种；有鳞目中蛇亚目8科27属37种。本图谱收录了其中的56种。

3.2.1 中华鳖
Pelodiscus sinensis

龟鳖目 TESTUDINATA

鳖科 Trionychidae

识别特征：吻长，管状，约等于眼径；鼻孔开口于吻端；颈部皮肤松软，基部无疣粒；体表被革质皮，散布疣粒；四肢平扁，蹼发达；尾短，雄性尾露出裙边，雌性尾不露出裙边。头尾均能缩入壳内。体背面橄榄绿色，腹面黄色，有对称灰绿色斑块。

生境与习性：栖息于低地河溪库塘。

地理分布：除青海、西藏、新疆外，中国各省均有分布记录。国外分布于俄罗斯远东地区、朝鲜、韩国、日本、越南等。

种群状况：保护区偶见，有逃逸或放生个体。IUCN RL 易危(VU)、《中国生物多样性红色名录》濒危（EN）物种。

3.2.2 平胸龟
Platysternon megacephalum

龟鳖目 TESTUDINATA

平胸龟科 Platysternidae

识别特征：头大，不能缩入龟壳内；腹甲扁平，背甲亦扁平，背中央有一显著的纵走隆起脊棱；上颌钩曲如鹰嘴，故名平胸龟、大头龟、鹰嘴龟。五趾型附肢，具爪，指间具蹼。尾长，尾亦不能缩入壳内；尾鳞方形，环形排列。头背部棕红色或橄榄绿色，盾片具放射状细纹；腹甲黄绿色或黄色。

生境与习性：栖息于低地河溪库塘。栖于山溪，夜间活动。肉食性，以小鱼、螺、蛙等为食。

地理分布：中国分布于长江以南各省区。国外分布于越南等地。

种群状况：溪流物种，保护区内较罕见，但可能仍有一定的种群数量。国家二级保护动物；列入 CITES 附录Ⅱ。IUCN RL、《中国生物多样性红色名录》濒危（EN）物种。

3.2.3 地龟
Geoemyda spengleri

龟鳖目 TESTUDINATA
地龟科 Geoemydidae

识别特征：小型龟，背甲长 80~120 mm。头较小，头顶光滑无鳞。吻尖，外侧面垂直向下，不突出于下颌。体较扁平，背甲前后缘呈强锯齿状，并有 3 条纵棱，其中脊棱最为宽大而显著。四肢有角质大鳞，鳞尖突出。背甲橘红色或橘黄色，腹甲黑色，两侧缘黄色。头灰黑色，颈部自嘴角到颈侧、由嘴角经鼓膜下方延伸至颈侧下缘常有 2 条平行的镶黑边的浅红色或浅黄色纵纹，雌性纵纹较明显，雄性纵纹常不显。雄性尾较粗长，虹膜白色；雌性尾细短而略扁，虹膜暗红色。

生境与习性：栖息于山区林下溪流附近阴湿多落叶环境。杂食性，食物包括昆虫、植物叶片及果实。卵长椭圆形。

地理分布：中国分布于广东、海南、广西、云南。国外分布于越南、印度尼西亚。

种群状况：保护区内种群数量较小。国家二级重点保护动物，IUCN RL 和《中国生物多样性红色名录》濒危（EN）物种。

3.2.4 都庞岭半叶趾虎
Hemiphyllodactylus dupanglingensis

有鳞目 SQUAMATA **蜥蜴亚目** SAURIA
壁虎科 Gekkonidae

识别特征：体小，成年雌雄头体长均为 45 mm 左右，尾长短于头体长。头、体、尾背侧及喉部被均匀粒鳞，无疣鳞；体侧及股后无皮褶。颈至躯体腹面、尾腹面以及四肢腹面鳞覆瓦状，有明显的颏片。第 1 指趾痕迹状，不扩展；其余指趾远端扩展，扩展部攀瓣对分；指趾末节侧扁，独立于扩展部；第 4 趾攀瓣覆盖部约占该趾长的一半；后足攀瓣数为 4、5、5、5，第 3~5 趾第 5 对攀瓣不达趾缘。背侧棕色或灰棕色，有深棕色不规则网状纹，尾有深棕色环尾斑纹。喉、尾腹面棕黄色，躯干腹面灰白色，有少量黑斑点；攀瓣亮白色。黑石顶的个体大多尾基部两侧各有 2 个肛疣，雌雄均有肛前孔，位于肛前 1 行扩大的鳞片上，雌性有 17 枚左右，尾基部不膨大；雄性 22 枚左右，尾基部显著膨大，半阴茎藏于其内。

生境与习性：栖息于墙缝和石缝中。在黑石顶自然保护区夜晚常见于灯光照射的墙壁上。捕食蛾类等昆虫。

地理分布：中国分布于贵州、广西、广东、福建。

种群状况：本种 2014 年以前在黑石顶自然保护区较常见，2014 年以后其生态位几乎被原尾蜥虎占据殆尽，目前几近绝迹。

3.2.5 原尾蜥虎
Hemidactylus bowringii

有鳞目 SQUAMATA **蜥蜴亚目** SAURIA
壁虎科 Gekkonidae

识别特征：头、体及尾的背侧被均匀粒鳞，无疣鳞；体侧及股后无皮褶。头腹面被粒鳞，有颏片2对；躯体腹面被覆瓦状鳞。尾腹面中央为1行扩大的尾下鳞。指趾均匀扩展，攀瓣宽，对分，第4趾攀瓣覆盖部大于该趾长的一半；末节侧扁，独立于扩展部。雄性在肛前的1行鳞有肛前孔，向两侧延伸至大腿腹面成为股孔；肛前孔在中央被2~4枚鳞片分开；每侧肛前孔和股孔合计12~17枚。

生境与习性：栖息于墙缝、树洞和石缝中，夜晚常见于民宅内有灯光照射的墙壁上。捕食白蚁、蛾类等昆虫。

地理分布：中国分布于广东、广西、海南、云南、福建、台湾。国外分布于印度、缅甸等地。

种群状况：黑石顶自然保护区内常见物种。

3.2.6 黑疣大壁虎
Gekko reevesii

有鳞目 SQUAMATA　蜥蜴亚目 SAURIA
壁虎科 Gekkonidae

识别特征：体形较大，成年头体长 150 mm 左右，通常头体长大于尾长；头、体及尾的背侧被均匀粒鳞，散布疣鳞；尾圆柱形，鳞片分节排列，尾下鳞不扩大；指趾间微蹼；攀瓣宽，不对分，全部指趾末节均与扩展部联合；雄性肛前孔 13~20 枚；肛疣 1~4 个。体背灰棕色或灰绿色，有红棕色云斑，图案往往由横斑纹和短条纹组成；体腹面肉色；虹膜黄色。

生境与习性：栖息于石壁岩缝、树洞或房舍墙壁顶部。会鸣叫。

地理分布：中国分布于福建、广东、广西、云南。国外分布于中南半岛北部。

种群状况：国家二级保护动物。

3.2.7 光蜥
Ateuchosaurus chinensis

有鳞目 SQUAMATA　蜥蜴亚目 SAURIA
石龙子科 Scincidae

识别特征：身体粗壮，头短，与颈部区分不显。吻短，端部钝圆。眼大。鼻孔圆形，位于鼻鳞前下缘。无上鼻鳞；额鼻鳞宽大，前与吻鳞相接甚宽，后与额鳞相接甚宽；额鼻鳞1对，较小，被额鼻鳞和额鳞分隔；额鳞甚长，后与顶间鳞相接较窄；额顶鳞较小，彼此分离；顶间鳞小，其上有顶眼点，为1个白色圆点；顶鳞在顶间鳞后相接；眶上鳞4枚；颊鳞2枚；上唇鳞6枚。四肢短小，贴体相向时，指趾端相距甚远。尾略长于头体长，基部粗大，向后渐细。全身鳞片甚光亮。背鳞覆瓦状排列，大小一致，每枚鳞片上有2~3个纵行弱棱。环体鳞28~30行。腹鳞平滑，尾下鳞不扩大。背面棕色、棕红色或深棕色，体侧及尾侧每个鳞片中央有小黑点和白点，前后缀连成行。

生境与习性：栖息于低山林下落叶间，性隐蔽。卵生。

地理分布：中国分布于福建、广东、海南、广西、广西。国外分布于越南。

种群状况：种群数量较大。

3.2.8 中国石龙子
Plestiodon chinensis

有鳞目 SQUAMATA　蜥蜴亚目 SAURIA
石龙子科 Scincidae

识别特征：身体粗壮，四肢和尾发达；吻短圆；没有后鼻鳞；上唇鳞7枚，少数9枚；下唇鳞7枚；额鳞与前2枚眶上鳞相接；环体鳞24行，少数22或26行；第4趾趾下瓣17枚。幼体背黑色有1条不分叉的乳白色线纹起于顶间鳞，2条背侧线起于最后1枚眶上鳞，尾蓝色。幼年色斑随着年龄增长而消失，头变成红棕色，背橄榄色或橄榄棕色，有红色或橘红色斑块出现在体侧，喉乳白色，有灰色鳞缘，腹表面其余部分乳白色或黄色。

生境与习性：栖息于低海拔地区，包括农田和城市绿地。昼行性动物。卵生。

地理分布：中国分布于台湾、香港、澳门、福建、浙江、江苏、安徽、江西、湖南、广东、广西、海南、云南、贵州。国外见于越南。

种群状况：保护区常见种，尤其常见于竹林环境。

3.2.9 四线石龙子
Plestiodon quadrilineatus

有鳞目 SQUAMATA   蜥蜴亚目 SAURIA
石龙子科 Scincidae

识别特征： 身体粗壮，四肢和尾发达。吻短圆。鼻孔大，圆形，鼻鳞前后对分。上鼻鳞 1 对，彼此相接构成中缝沟，前后分别与吻鳞和额鼻鳞相接。前额鳞 1 对，彼此相接，将额鳞和额鼻鳞分隔。额鳞与前 3 枚眶上鳞相接。有后鼻鳞，与第 1 枚和第 2 枚上唇鳞相接。颊鳞 2 枚。上唇鳞 7~8 枚，第 7 枚最大，后有 2 枚鳞与耳孔相隔；下唇鳞 6~7 枚，有眶下鳞将上唇鳞与眼眶相隔。下眼睑下有小鳞将眶下鳞与眼睑分隔。眶上鳞 4 枚。有颈鳞。全身鳞片光滑，环体鳞 20 行。四肢贴体相向时，指趾重叠。股后无大鳞。幼体背亮黑色，有 2 条平行的背侧线，以橘黄色起于吻端，向后延伸，至肩部变为浅黄色，至胯部呈蓝色，在尾中段汇合直至尾端，为亮蓝色；还有 2 条纵线，以乳白色起于吻端，沿上唇鳞上部、经耳孔、前肢插入点上缘、沿腹缘向后延伸，至尾基部渐呈蓝色，于尾中段与背侧蓝线纹汇合，此后尾全为蓝色尾端。随年龄增长，头部黑色渐显棕红色，且棕红色面积逐渐扩大，蓝色同时减少。腹面白色、浅灰或蓝白色。

生境与习性： 栖息于低海拔山区林下或灌丛。昼行性动物。卵生。

地理分布： 中国分布于香港、澳门、广东、广西、海南。国外见于越南、柬埔寨、泰国。

种群状况： 黑石顶自然保护区常见物种。

3.2.10 南滑蜥
Scincella reevesii

有鳞目 SQUAMATA　蜥蜴亚目 SAURIA
石龙子科 Scincidae

识别特征： 体纤细，四肢短，前后肢贴体相向时指趾端相遇。头顶被大型对称鳞，2枚前额鳞彼此相接；扩大颈鳞0~3对。无股窝和鼠蹊窝，亦无肛前孔；有眼睑窗。背鳞等于或略大于体侧鳞，环体中段鳞26~30行；第4趾趾下瓣15~18枚；背浅棕色或黄褐色，散布不规则黑色斑点或线纹；自吻端经鼻孔、眼上方、颈侧至尾末端有黑褐色纵纹，该纹较宽，跨3行鳞。头腹面白色，散布不规则黑色斑点，体腹面白色或浅黄色，尾腹面橘红色。

生境与习性： 栖息于低山、丘陵甚至城市公园的林下地面。昼行性陆栖动物。常见于落叶堆中，喜在路上"日光浴"，常被碾压致死。以昆虫为食。卵生。

地理分布： 中国分布于广东、香港、海南、广西、四川。

种群状况： 常见种。

3.2.11 宁波滑蜥
Scincella modesta

有鳞目 SQUAMATA 蜥蜴亚目 SAURIA
石龙子科 Scincidae

识别特征：体纤细，四肢短，前后肢贴体相向时不相遇。头顶被大型对称鳞；无股窝或鼠蹊窝，亦无肛前孔；有眼睑窗。背鳞为体侧鳞2倍，环体中段鳞26~30行；第4趾趾下瓣10~16枚；背古铜色或黄褐色，散布不规则黑色斑点或线纹；自吻端经鼻孔、眼上方、颈侧至尾末端有黑褐色纵纹，该纹较窄，上缘清晰波浪状，下缘模糊。头腹面白色，散布不规则黑色斑点，体腹面浅黄色，尾腹面橘红色。

生境与习性：栖息于森林地面，常见于落叶堆中及山间溪边卵石间和灌丛石缝中。昼行性陆栖动物。以昆虫为食。卵生。

地理分布：中国特有种，分布于辽宁、河北、上海、江苏、浙江、安徽、江西、湖南、湖北、四川、福建、广东、香港。

种群状况：不常见。

3.2.12 铜蜓蜥
Sphenomorphus indicus

有鳞目 SQUAMATA　蜥蜴亚目 SAURIA
石龙子科 Scincidae

识别特征：头顶被大型对称鳞；无股窝或鼠蹊窝，亦无肛前孔。下眼睑被鳞，无眼睑窗；没有上鼻鳞；额鼻鳞与额鳞相接，前额鳞一般不相接；眶上鳞4枚；第4趾趾下瓣16~20枚，趾背鳞2行。黑石顶自然保护区种群背浅棕色，有黑色点斑；体两侧自吻端起至尾各有一条黑色宽纵带。纵带上镶有连续的浅色窄纵纹，黑色纵带下方由头侧至腹股沟前一列有不规则黑色边缘的白色圆斑，该斑年幼个体清晰，随着年龄增长而逐渐模糊；腹面为纯净的乳白色。

生境与习性：栖息在低地常绿阔叶林至山区森林。多白天活动，陆栖种。卵胎生。

地理分布：该色型铜蜓蜥在中国分布于广西、广东。国外见于越南。

种群状况：常见种，种群数量大。

3.2.13 股鳞蜓蜥
Sphenomorphus incognitus

有鳞目 SQUAMATA　蜥蜴亚目 SAURIA
石龙子科 Scincidae

识别特征： 头顶被大型对称鳞；无股窝或鼠蹊窝，亦无肛前孔。下眼睑被鳞，无眼睑窗；没有上鼻鳞；额鼻鳞与额鳞相接，前额鳞一般不相接；眶上鳞4枚；股后外侧有一团大鳞；第4趾趾下瓣17~22枚。背深褐色，具密集黑色斑点；幼体尾橘红色；体两侧各有一条上缘锯齿状的黑色纵带，杂浅黄色斑点；体腹面浅黄色，有黑色斑点。

生境与习性： 丘陵、山地阴湿灌丛间，常见于路边。多中午外出活动。以昆虫、蜘蛛等为食。卵胎生。

地理分布： 中国分布于台湾、福建、江西、广东、海南、广西、云南、湖北等地。国外见于越南。

种群状况： 常见种。

3.2.14 北部湾蜓蜥
Sphenomorphus tonkinensis

有鳞目 SQUAMATA　蜥蜴亚目 SAURIA
石龙子科 Scincidae

识别特征：小型蜓蜥，最大体长 52.5 mm。下眼睑被鳞，无睑窗；前额鳞一对，大多个体彼此相接；眶上鳞 4 枚；额鳞与前 2 枚眶上鳞相接；通体背鳞光滑无棱。环体中段鳞为 32~38；第 4 趾基部背鳞 3 行，趾下瓣 15~19 枚。体背棕褐色，自颈至尾有黑色斑点，呈一条直线；体侧深色纵纹自肩部起向后破碎成为一块块的深色块斑。

生境与习性：栖息于海拔 190~650 m 的常绿阔叶林地面。夜行性动物。卵生。

地理分布：中国分布于广东、海南、广西、江西。国外分布于越南北部。

种群状况：分布区域大，较常见。

3.2.15 海南棱蜥
Tropidophorus hainanus

有鳞目 SQUAMATA　蜥蜴亚目 SAURIA
石龙子科 Scincidae

识别特征：体形稍小，通常全长不超过 100 mm，头体长不超过 50 mm。全身鳞片起纵行强棱，头部大鳞密布多条棱状线纹，颈背、躯体、尾和四肢背面鳞片均有一长棱，彼此缀连成线。颊鳞 4 枚。额鳞和额鼻鳞完整。额鼻鳞 1 枚。上唇鳞 6 枚。顶鳞一侧有 4~5 枚小鳞。下唇鳞 5~7 枚。后颏鳞单枚，颏片 3 对，第 1 对彼此相接。腹鳞光滑不起棱，覆瓦状排列；四肢腹面鳞亦光滑无起棱；尾下鳞 3 行平滑无棱，中央 1 行最大。背黄棕色、棕色至深棕黑色，吻背多浅棕色，从颈部至尾基部具有数个镶黑边的浅色"V"形横斑，尾有镶黑边的浅色横纹，体色较深时不显。腹面后胸部白色，向后为浅黄色。

生境与习性：栖息于山溪附近、临时堆满碎石的积水坑边，也见于铺满落叶的山间小路上。

地理分布：中国分布于海南、广东、广西、江西。国外分布于越南、菲律宾。

种群状况：常见种。

3.2.16 中国棱蜥
Tropidophorus sinicus

有鳞目 SQUAMATA　蜥蜴亚目 SAURIA
石龙子科 Scincidae

识别特征：体形稍大于海南棱蜥。由于所见多为再生尾，通常尾短于头体长，但在具有原生尾的幼体，尾长可达头体长的1.2倍，显著长于头体长。与海南棱蜥的主要区别是额鼻鳞纵裂为二，后颊鳞也纵裂为二，颊鳞2枚，背鳞和体侧鳞起棱，通常棱后端有尖锐棘突。雄性腹鳞、四肢腹面鳞片均具强棱，尾下鳞弱棱；雌性腹鳞和尾下鳞、后肢腹面鳞平滑无棱，前肢腹面鳞片弱棱。背黄棕色、棕色至红黑色，吻背多浅棕色。体背和尾背具深浅相间的宽横纹，两侧有白色或浅色斑；唇有白斑。腹面喉颈部灰黑色，胸和体腹面肉色，尾下亮黑色。

生境与习性：栖息于山溪及其附近，也常见于铺满落叶的山间小路上。卵胎生。

地理分布：中国分布于广东、广西、香港。国外分布于越南。

种群状况：该种模式产地在鼎湖山国家级自然保护区，在黑石顶自然保护区并不常见。

3.2.17 古氏草蜥
Takydromus kuehnei

有鳞目 SQUAMATA　蜥蜴亚目 SAURIA
蜥蜴科 Lacertidae

识别特征：体纤细；四肢纤弱；尾长，圆柱形，约为头体长的2倍。头三角形，吻长且钝圆。头顶被大型对称鳞。有围领。后鼻鳞2枚。颈背在顶鳞后除中央棱鳞外，为颗粒鳞；躯干背部有6行大棱鳞，中间2行大鳞中间有1行断续小棱鳞；躯干部腹鳞为覆瓦状大鳞，除外侧2行起棱外，中央4行平滑。尾被起棱大鳞，排列成环，不分节。成体鼠蹊窝每侧3~5个，幼体每侧2~3个。背棕色，腹面淡绿色，体侧自鼻孔经眼下缘、经耳孔、前肢上缘有1条上缘黑色的黄白色纵纹。

生境与习性：栖息于亚热带、热带低地森林。常见于地面、灌丛、树上。晚上栖于禾本科植物的顶端。卵生。

地理分布：中国特有种，分布于台湾、福建、江西、广东。

种群状况：相对常见。

3.2.18 南草蜥

Takydromus sexlineatus

有鳞目 SQUAMATA 蜥蜴亚目 SAURIA
蜥蜴科 Lacertidae

识别特征：体圆柱形，不平扁；尾长，原生尾长可达头体长的3倍以上。吻较高，吻端略窄但钝圆。头顶被大型对称鳞。眶上鳞3枚；躯干背部有4行大棱鳞；躯干部腹鳞为10~12行覆瓦状大鳞。尾被起棱大鳞，尾基背面有鳞棱形成4条高起硬嵴。鼠蹊窝1个。背棕色或棕红色。头侧至肩部截然分成2色，上部分与背顶面颜色一致，为棕色或棕红色，下部分浅绿色或米黄色，两部之间有黑线纹区隔；体侧常具镶黑色边缘的浅绿色圆斑；雄性背侧常有2条边缘整齐有黑色镶边的窄绿纵纹，从头侧延至尾前部。腹面淡绿色。

生境与习性：栖息于亚热带、热带山地灌丛中。多于地面活动。晚上栖于植物上。卵生。

地理分布：中国分布于福建、广东、海南、广西、湖南、贵州、云南。国外见于越南、缅甸、马来西亚、印度尼西亚。

种群状况：种群数量较小，不常见。

3.2.19 细鳞拟树蜥
Pseudocalotes microlepis

有鳞目 SQUAMATA   蜥蜴亚目 SAURIA
鬣蜥科 Agamidae

识别特征：体纤长，尾长超过体长2倍。头较大，吻长，几乎为眼径的1.5倍。吻棱和上睫棱发达。鼻孔较小，在单一鼻鳞上，鼻鳞大，近长方形。吻鳞狭长，中央有凹沟或呈断开状；上唇鳞8~9枚，下唇鳞7~8枚。无肩褶，颈背有鬣鳞5~6枚，脊鳞显著大于周边鳞，有强棱。体侧鳞较均匀，有斜向下弱棱，覆瓦状排列成行，中部有一纵行断续大鳞。腹鳞稍大于体侧鳞，均起强棱；喉胸部鳞片略小，起棱。尾鳞大，均起强棱，基部背中央鳞行显著大于周边鳞，向后则与周边鳞等大；尾下鳞2行，均扩大并起强棱。第3、第4指等长，几乎等长于第5趾。背侧灰褐色或灰棕色，两眼间有镶黑边线的浅色横斑；体侧有黑色斑点；眼周有黑色辐射纹，有时不显；眼下至口角有一黑色斜线纹；肘部有一镶黑边线的白斑。雄性喉囊紫红色，周边黄绿色；雌性同一位置略显蓝色，边缘不清晰。黑石顶雄性个体头体长60.9 mm，尾长131.8 mm，吻长6.6 mm，眼径4.5 mm，鼓膜径2.0 mm，环体鳞66行，上唇鳞左右分别是8枚和9枚，下唇鳞均为8枚，鬣鳞5枚。吻鳞长方形，宽是高的4~5倍，中部断开部分的宽度几乎等于吻鳞高度；鼻鳞与第1上唇鳞相接。后肢贴体前伸达头后端，距鼓膜仅隔3枚鳞。

生境与习性：栖息于森林内近水源多腐叶的潮湿地面。卵生。

地理分布：中国分布于广东、海南、广西、云南。国外分布于越南、缅甸。

种群状况：黑石顶自然保护区内常见种。

3.2.20 丽棘蜥
Acanthosaura lepidogaster

有鳞目 SQUAMATA　蜥蜴亚目 SAURIA
鬣蜥科 Agamidae

识别特征：背鬣小，锯齿状；眶后棘不发达；颈鬣鳞与背鬣鳞不连续。尾长约为头体长的 1.5 倍；活体颜色变异较多，肩背中央有 1 个菱形深色斑，膝部和肘部均有 1 条镶深色边的醒目白斑，尾背有深色横斑。

生境与习性：栖息于山区林下，夜晚常伏于树枝或草秆上休息。卵生。

地理分布：中国分布于江西、福建、广东、海南、广西、云南、贵州。国外分布于越南、柬埔寨、泰国等。

种群状况：常见种。

3.2.21 变色树蜥
Calotes versicolor

有鳞目 SQUAMATA　蜥蜴亚目 SAURIA
鬣蜥科 Agamidae

识别特征： 全长可达 40 cm，尾特长，约占全长的 3/4，肩和颈部有发达鬣鳞。无眶后棘和肩褶。眼睑发达，瞳孔圆形，鼓膜裸露。眼周有辐射状纹，尾具深浅相间环纹，体背亦具深色横斑。幼体和雌蜥体侧通常有浅黄色纵纹。

生境与习性： 栖息于平原、丘陵、山区，也常见于城市公园和绿地。喜欢阳光，时常在山径旁的植物或石上享受阳光。夜晚常伏于树枝或草秆上休息。体色会随环境或应激反应而变色。嗜吃各种昆虫。卵生。

地理分布： 中国分布于广东、香港、澳门、广西、海南、云南等地。

种群状况： 常见种。

3.2.22 钩盲蛇
Indotyphlops braminus

有鳞目 SQUAMATA　蛇亚目 SERPENTES
盲蛇科 Typhlopidae

识别特征： 小型蛇类，最大体长不足 20 cm。体纤细，圆筒状。头和颈部区分不明显。吻端圆。外鼻孔侧置。上唇鳞 4 枚。眼隐于眼鳞下，不清晰。头部鳞显著大于体背鳞。通身鳞大小相似，呈覆瓦状排列。环体鳞 20 行。鼻鳞分裂为 2 枚，背视可见。尾端有刺。背黑色或深棕色，腹色浅，吻和尾尖苍白。

生境与习性： 见于人类活动区，也见于山区林下。夜出性动物，穴居，常钻出地面活动，尤其是在下雨的时候。以昆虫为食。卵生。

地理分布： 中国分布于江西、浙江、福建、台湾、广东、香港、海南、广西、云南、贵州、重庆、湖北。国外分布于西亚、南亚、东南亚、非洲地区以及澳大利亚、墨西哥。

种群状况： 难以评估。

3.2.23 棕脊蛇

Achalinus rufescens

有鳞目 SQUAMATA 蛇亚目 SERPENTES
闪皮蛇科 Xenodermatidae

识别特征：头窄长；吻鳞小，高宽相等，背视不可见。额鳞约为顶鳞的1/2。颞鳞2+2，2个前颞鳞入眶或仅上枚入眶。每侧有3枚盾状鳞与顶鳞相接，第3枚非常大，彼此相接或被1枚小鳞分隔。上唇鳞6枚，第1枚非常小，第4和第5枚入眶，第6枚最大。下唇鳞5枚，少数6枚。颔片3对，其后为腹鳞。背鳞23行，起强棱或仅外侧行平滑，有些鳞有清晰的3行棱。腹鳞136~165枚；肛鳞完整不对分；尾下鳞单行82枚。体被均一的棕黄色或深棕色；腹面均微黄色，鳞缘白色。

生境与习性：栖息于平原、丘陵、山区。夜行性动物，穴居，食虫，卵生。

地理分布：产地在中国香港。广东云开山脉北段、南岭山脉和珠江三角洲地区也有分布。

种群状况：生性较隐蔽，不易见，难以评估。

3.2.24 台湾钝头蛇

Pareas formosensis

有鳞目 SQUAMATA 蛇亚目 SERPENTES
钝头蛇科 Pareatidae

识别特征：身体细长，稍侧扁。头短，与颈部区分显著。吻短钝。眼大，瞳孔直立。颊鳞单枚，不入眶。前额鳞入眶。眶前鳞单枚或2枚；眶后鳞单枚（少数缺或2枚）。眶下鳞单枚，细长，分隔上唇鳞与眼眶。上唇鳞通常6枚，下唇鳞通常7枚。背鳞光滑，通体15行。腹鳞163~193枚，肛鳞完整单枚。尾下鳞对分，56~85对。上体浅棕色，身体和尾有不规则横斑。头顶深棕色，有黑色斑点，并镶有黑色斑纹，向后延伸至颈侧。有黑色条纹自眶后鳞至嘴角。下体粉红色。瞳孔橘红色。

生境与习性：栖息于山区森林和农田。夜行性树栖蛇类。卵生。

地理分布：中国分布于台湾、江西、安徽、江苏、浙江、福建、广东、广西、云南、贵州、四川。

种群状况：相对常见物种。

3.2.25 横纹钝头蛇
Pareas margaritophorus

有鳞目 SQUAMATA 蛇亚目 SERPENTES
钝头蛇科 Pareatidae

识别特征：身体细长，稍侧扁。头与颈部区分显著。吻短而钝圆。眼小，虹膜黑色；瞳孔黑色镶白边，直立。颊部微凹，颊鳞单枚，不入眶。上唇鳞不入眶。背鳞通体15行，光滑或中央几行有弱棱。肛鳞完整单枚。尾下鳞双行。上体灰黑色至深紫棕色，身体和尾有数条黑白双色横斑，该横斑是由1个鳞片前部分白色后部分黑色，多个鳞片缀连而成。上下唇白色，有黑斑。有时有白色围领。腹白色，有黑斑。

生境与习性：栖息于平原、丘陵和山区，多见于耕地附近。以蜗牛、蛞蝓等为食。卵生。

地理分布：中国分布于香港、广东、海南、广西、云南、贵州。国外分布于越南、老挝、缅甸、泰国、马来西亚。

种群状况：常见种。

3.2.26 越南烙铁头蛇
Ovophis tonkinensis

有鳞目 SQUAMATA 蛇亚目 SERPENTES
蝰科 Viperidae

识别特征：体粗壮。头三角形，宽而且头顶平坦，与颈部区分显著。眼小。吻端而平钝。头顶鳞小而平滑，不等大，稍呈覆瓦状排列。有颊窝。眶前鳞3枚，眶后鳞2枚。上唇鳞9~10枚，第4枚最大，位于眶下。在唇和眼间有2行眶下小鳞。下唇鳞10~13枚。背鳞中央数行具弱棱。腹鳞127~144枚，肛鳞完整。尾下鳞单行或双行。背面棕红色、黄褐色，头背深棕色；体背有镶黑边的深色云斑和杂斑；深色云斑在体前段彼此相连，后段交错排列。一条白色的斑纹体起于吻端、过眼至颈部；下方还有一条浅色的眶后纹斜向下至颈侧；两浅色纹之间为一深棕色大斑块直达颈侧。尾棕红色，通常有一系列白点斑彼此相连，成为一条连续的或不连续的白色纵纹。腹面乳白，有棕色斑纹。

生境与习性：栖息于低山林地中。夜行性陆栖蛇类，常见于溪流岸边。食物包括蛙类、啮齿类动物等。卵生。

地理分布：模式产地在越南北部。中国分布于海南、广西、广东。

种群状况：种群数量一般，不甚常见。

3.2.27 原矛头蝮
Protobothrops mucrosquamatus

有鳞目 SQUAMATA 蛇亚目 SERPENTES
蝰科 Viperidae

识别特征：体长。头三角形，延长，与颈部区分显著。吻延长，长度为眼径的2~3倍。头顶被不等小鳞，后部鳞有钝棱。眶上鳞窄长，完整单枚，两鳞间直线相隔11~18枚鳞。鼻间鳞稍小，彼此被2~6枚小鳞分隔。鼻孔小，圆形，在单枚鼻鳞上。有颊窝。上唇鳞通常9~10枚。第一枚上唇鳞与鼻鳞分开。下唇鳞通常14~15枚。背鳞起强棱。腹鳞194~233枚。尾下鳞对分，70~100对。肛鳞完整。背棕色或红棕色，有一系列大型不规则斑，该斑镶宽黑边和黄色窄边。两胁有小的深色斑。有眶后深色纹。头顶有"V"形背侧暗纹。腹面发白，散布浅棕色、近方形斑块。

生境与习性：栖息于温带、亚热带常绿阔叶林中。夜行性陆栖或树栖蛇类。食物包括蛙类、蜥蜴、蛇类、鸟类和啮齿类动物，也会进入民居寻找食物。卵生。

地理分布：中国分布于华东、华南、西南地区，以及甘肃、陕西、湖南。国外分布于缅甸、老挝、越南、印度、孟加拉国。

种群状况：常见种，种群数量大。

3.2.28 白唇竹叶青蛇
Trimeresurus albolabris

有鳞目 SQUAMATA 蛇亚目 SERPENTES
蝰科 Viperidae

识别特征：中等体形前沟牙毒蛇。鳞被、体色变化较大。头大，呈三角形；颈细，有颊窝；头背被小鳞，仅鼻间鳞及眶上鳞略大。通体绿色，最外背鳞行上半部白色，略带黄色，在体侧形成白色纵线纹，该最外鳞行下半部分橄榄绿色，略带红色或红色。虹膜橘红色或黄色，略带橘色。尾背及尾尖焦红色。本种与福建竹叶青相似，区别在于鼻鳞与第一上唇鳞愈合，仅有鳞沟痕迹；鼻间鳞大，显著大于头背其他鳞片，彼此相切或间隔1枚小鳞。

生境与习性：栖息于平原、丘陵和山区，常见于水域附近或低矮灌木上。尾具有缠绕性。以蛙、蜥蜴和鼠类为食。

地理分布：中国分布于福建、广东、香港、澳门、海南、广西、云南。国外分布于中南半岛、缅甸、印度、印度尼西亚等地。

种群状况：种群较大，广东沿海（尤其珠江口）甚常见，但黑石顶自然保护区不常见。

3.2.29 中国水蛇
Myrrophis chinensis

有鳞目 SQUAMATA　蛇亚目 SERPENTES
水蛇科 Homalopsida

识别特征：体粗壮。头颈区分稍显。吻鳞宽钝，圆，背视可见。鼻孔背侧位。眼小，瞳孔小，圆形。尾短。左右鼻鳞相接。鼻间鳞小，单枚，不与颊鳞相接。颊鳞单枚。眶前鳞单枚。眶后鳞2枚，少数1枚。上唇鳞7枚，仅第4枚入眶。背鳞平滑，23-23-21（19）行排列。腹鳞138~154枚。肛鳞对分。尾下鳞对分，40~51对。体背灰棕色，散布有黑斑，在颈背形成黑线，一系列密集的黑色斑点为背中线。上唇鳞下部和整个下唇鳞黄白色。背鳞外侧2~3行粉棕色。每一腹鳞前部分暗灰色，后部分黄白色。

生境与习性：栖息于平原、丘陵、山脚的溪流、池塘和水田。夜行性水生蛇类。以小型鱼类和蝌蚪为食。卵胎生。

地理分布：中国分布于江西、安徽、江苏、浙江、福建、广东、海南、广西、湖南、湖北、香港、台湾。国外分布于越南。

种群状况：黑石顶自然保护区不常见，《中国生物多样性红色名录》易危（VU）物种。

3.2.30 紫沙蛇
Psammodynastes pulverulentus

有鳞目 SQUAMATA　蛇亚目 SERPENTES
屋蛇科 Lamprophiidae

识别特征：体形稍小，略粗壮。吻短，侧视截形。头短而高，顶平，与颈部区分显著。唇肿胀。眼中等大，瞳孔直立椭圆形。鼻孔在单一鼻鳞上。吻鳞宽稍大于高。鼻间鳞比前额鳞显著小。颊鳞不入眶，单枚，宽高几乎相等，有时横裂为二，少数缺失。眶前鳞单枚，少数2枚。眶后鳞2枚，少数3枚。上唇鳞通常8枚，下唇鳞通常为7或8枚。背鳞光滑，17-17-15（偶有13）行排列。肛鳞完整。尾下鳞对分，45~69对。体色多变。上体深棕色、黑色或微红色、微黄色，头顶有几条镶浅色边的深色纵纹，其中"V"形纹是其野外识别最显著特征；身体和尾有镶黑边的浅色色斑。腹面微黄色，有深棕色纵纹。

生境与习性：栖息于平原、低地和山地森林。常见于黑暗潮湿的森林地面或溪流附近石缝中。此蛇为有后沟牙的毒蛇。以青蛙、蜥蜴、蛇为食。卵胎生。

地理分布：中国分布于江西、福建、广东、海南、广西、云南、贵州、湖南、西藏、香港、台湾。国外广泛分布于东南亚和南亚国家。

种群状况：常见种。

3.2.31 银环蛇
Bungarus multicinctus

有鳞目 SQUAMATA 蛇亚目 SERPENTES
眼镜蛇科 Elapidae

识别特征：体细长。头卵圆形，与颈部区分不显。眼小，圆形。无颊鳞。眶前鳞单枚。眶后鳞2枚，少数单枚。颞鳞1(2)+2(3)。上唇鳞7枚，少数6枚或8枚；下唇鳞7枚，少数6枚或8枚。背鳞光滑，通体15行。腹鳞198~231枚。肛鳞完整。尾下鳞完整，37~55枚，少数前3枚对分。上体黑色，有窄白斑带。腹面黄白色或灰白色，有散布黑斑。

生境与习性：栖息于平原丘陵，常见于近水区域。食物包括鱼类、蛙类、蜥蜴类、蛇类和小型哺乳动物。夜行性蛇类。卵生。

地理分布：中国分布于江西、安徽、浙江、江苏、福建、广东、香港、海南、广西、云南、四川、贵州、湖南、湖北、台湾。国外分布于越南、老挝、缅甸。

种群状况：常见种，《中国生物多样性红色名录》濒危（EN）物种。

3.2.32 舟山眼镜蛇
Naja atra

有鳞目 SQUAMATA 蛇亚目 SERPENTES
眼镜蛇科 Elapidae

识别特征：体长可达2000 mm。头稍清晰区别于颈部。眼大小中等，眼径等于或稍小于眼至嘴的距离。没有颊鳞。眶前鳞单枚，通常与鼻间鳞相接。眶后鳞3枚，少数2枚。上唇鳞7枚，第2枚最高，入眶，第4枚也入眶。下唇鳞8~9枚，少数7枚或10枚。第4枚和第5枚大，通常有1枚三角形小鳞在这二鳞之间的唇边缘上。背鳞光滑斜列，中段鳞19枚或21枚。腹鳞158~185枚。肛鳞完整，少数对分。尾下鳞对分，38~53对。生活时体色变异较大。通常上背浅灰色、黄褐色、灰黑色至亮黑色，有或没有成对的浅黄色不等距离的横斑，在幼体阶段该斑显著。头侧浅色。颈有眼镜状斑纹扩展至浅色喉部。喉部通常有一对黑斑。腹面白色至灰色，深灰色杂以白色或黑色斑。

生境与习性：栖息于森林、灌丛、草地、红树林、开阔地，也见于人口稠密地区。昼行性和夜行性蛇类。食物包括鱼类、蛙类、蜥蜴、蛇类、鸟类和鸟卵、小型哺乳动物。卵生。

地理分布：中国分布于四川、福建、广东、广西、贵州、湖南、湖北、浙江、海南、台湾、香港。国外分布于老挝、越南。

种群状况：IUCN RL 和《中国生物多样性红色名录》均为易危（VU）物种。

3.2.33 眼镜王蛇
Ophiophagus hannah

有鳞目 SQUAMATA 蛇亚目 SERPENTES
眼镜蛇科 Elapidae

识别特征：世界最大的前沟牙类毒蛇，成体全长3000~4000 mm，记录最大个体全长近6000 mm。具前沟牙。头部椭圆形，与颈不易区分。无颊鳞。眶前鳞单枚。眶后鳞3枚。上唇鳞7枚。下唇鳞7~9枚。顶鳞之后还有2枚较大的枕鳞。背鳞斜列，19-15-15行排列。腹鳞237~250枚。肛鳞完整。尾下鳞单双不定，81~94对。成体背面黑褐色，颈背有1个"∧"形黄白色斑，自颈后到尾端有多道黄白色横纹。幼体颜色鲜亮，对比度高，背面为黑色，"∧"形色斑和横纹为鲜黄色，头背亦有2~3条鲜黄色横纹。

生境与习性：昼行性陆栖混合毒毒蛇。栖息于平原、丘陵地带的森林、竹林等环境。受惊时常直立起前半身，颈部平扁略扩大，做攻击姿态。主要捕食蛇类、蜥蜴等。雌蛇在繁殖期会将落叶聚拢于卵上，并盘伏于此，直至幼蛇孵化。

地理分布：中国分布于浙江、福建、江西、湖南、广东、海南、香港、广西、四川、贵州、云南、西藏。国外分布于南亚、东南亚地区。

种群状况：国家二级保护动物，CITES 附录Ⅱ物种；*IUCN RL* 易危(VU)物种，《中国生物多样性红色名录》濒危(EN)物种。在黑石顶自然保护区种群数量较小，较为罕见。

3.2.34 环纹华珊瑚蛇
Sinomicrurus annularis

有鳞目 SQUAMATA 蛇亚目 SERPENTES
眼镜蛇科 Elapidae

识别特征：体细长，圆筒形。头短，与颈部区别不显著。具前沟牙。鼻鳞单枚，鼻孔位于鼻鳞中央。没有颊鳞。背鳞光滑，通体13行。体背棕红色，有镶黄色边的横向黑带纹。头背黑色，有2个横带，1个黄白色，在吻端，穿过鼻间鳞延展至鼻鳞和第1上唇鳞及第2上唇鳞前缘；另1个在眼后，乳白色。腹面黄白色，有黑带或近方形黑斑。

生境与习性：夜行性陆栖神经毒毒蛇。栖息于低地和中海拔丘陵亚热带常绿林中。躲藏在松软泥土或落叶层中。食物包括蛇类、蜥蜴类（如石龙子）。

地理分布：该种曾被广泛记录，随着隐种广西华珊瑚蛇 *Sinomicrurus peinani* 的发表，其分布区将面临较大调整。目前可以确认该种的分布区包括中国华东、华南（广东西南部的种群除外）、广西西北部地区、湖南等。

种群状况：生性隐蔽，难以评估种群数量。《中国生物多样性红色名录》易危(VU)物种。

3.2.35 绿瘦蛇
Ahaetulla prasina

有鳞目 SQUAMATA **蛇亚目** SERPENTES
游蛇科 Colubridae

识别特征：体极细长，全长通常可达 1500 mm 左右。体略侧扁，头颈区分显著。吻尖长，纹至头侧有一凹槽。虹膜白色，黑色瞳孔平置，呈缝状。吻鳞略高于鼻间鳞，其上端有 5~8 个纵棱；眶前鳞 1 枚，较大，延伸至头背方，与额鳞相切；眶上鳞甚宽大；鼻间鳞和前额鳞较长；颊鳞 2 枚，个别 3 枚，较小，窄长。上唇鳞 9 枚，3-3-3 排列。下唇鳞 8~10 枚。背鳞式 15-15-13（11）行。脊鳞显著扩大。腹鳞具侧棱。肛鳞二分，尾下鳞对分。有后毒牙。随环境变化体背颜色会发生从翠绿、黄绿色到蓝白色的改变，并有白色和黑色纵纹；腹面蓝白色或淡绿色，腹鳞及尾下鳞前段两侧有一条黄绿色上镶白色的纵纹。

生境与习性：栖息于平原、丘陵和山区，于林木茂密之处较常见，也见于杂草、矮灌木丛林中。昼行性树栖蛇类，捕食蜥蜴和蛙类。卵胎生。

地理分布：中国分布于北纬 25° 以南地区。国外分布于印度尼西亚、菲律宾、印度、缅甸等地。

种群状况：常见种。

3.2.36 绞花林蛇
Boiga kraepelini

有鳞目 SQUAMATA **蛇亚目** SERPENTES
游蛇科 Colubridae

识别特征：本种体色花纹甚似原矛头蝮，以头背为大型对称鳞而非颗粒鳞，无颊窝，尾细长而与后者相区别。头大，颈部较细，头颈区分明显。体纤长，侧扁。上颌齿最后2~3枚最长，为后沟毒牙。眼大，瞳孔直立。颊区均为小鳞。背鳞平滑，脊鳞稍扩大，中段背鳞21行；腹鳞220~239枚；尾下鳞115~146对；肛鳞多对分，少数不对分。通体背面棕红色，头背有深色的"V"形斑纹；体尾有粗大镶黄边的深棕色横斑和体侧的暗色斑。腹面白色，密布棕褐色或浅紫色斑点。

生境与习性：栖息于山区和丘陵，常见于溪边灌木上，亦见于溪流中岩石上。善攀援。多夜间活动，以鸟类、鸟卵、爬行动物为食。卵生。

地理分布：中国分布于北纬30°以南，东经102°以东的广大地区，包括江西、浙江、安徽、福建、湖南、广东、海南、广西、贵州、四川、台湾等。国外分布于越南。

种群状况：常见种。

3.2.37 繁花林蛇

Boiga multomaculata

有鳞目 SQUAMATA　蛇亚目 SERPENTES
游蛇科 Colubridae

识别特征：头大，颈部较细，头颈区分明显。体纤长，侧扁。尾细长。有后沟毒牙。眼大，瞳孔直立。颞区鳞片扩大，前颞鳞1~3枚。背鳞平滑，脊鳞显著扩大，中段背鳞19行；腹鳞196~230枚；尾下鳞72~93对；肛鳞多完整，不对分。通体背面有镶白色边缘线的深棕色大斑，交错排列2行，体侧下部有1行较小深棕色斑，也有浅色镶边。头背有镶浅色边的"∧"形深棕色大斑，沿头侧过眼至颌角有镶浅色边的深棕色宽纵纹。唇鳞白色，鳞沟黑色。腹面白色，每一腹鳞有数个浅褐色斑。

生境与习性：栖息于平原、丘陵和山区，常见于溪边灌木上，善攀援。多夜间活动，以鸟类、爬行动物为食。卵生。

地理分布：中国分布于北纬25°以南，东经98°以东的广大地区，在东南沿海向北可达北纬25°。

种群状况：黑石顶自然保护区不常见。

3.2.38 菱斑小头蛇

Oligodon catenata

有鳞目 SQUAMATA　蛇亚目 SERPENTES
游蛇科 Colubridae

识别特征：色彩斑斓而有规律。吻鳞大，背视可见甚多。无鼻间鳞。1对额鼻鳞甚大，转向颊部而与上唇鳞相接。无颊鳞。背鳞头体13行。头顶色彩斑斓，背面紫红色染灰白，由颈部至尾端沿背中部有前后相连、金黄色镶黑边的菱形大斑。腹鳞红黑相间，红色鳞片两侧有白斑，白斑外侧黑色；黑色鳞片中央被红色断开。尾腹面红色，有些鳞片两侧有白斑。尾尖刺状。

生境与习性：栖息于海拔200~1000 m的山区，白天会爬到路上晒太阳。喜吃爬行动物的卵。

地理分布：中国分布于福建、广东、广西。国外分布于越南、柬埔寨、缅甸。

种群状况：性隐蔽，罕见。

3.2.39 台湾小头蛇
Oligodon formosanus

有鳞目 SQUAMATA　蛇亚目 SERPENTES
游蛇科 Colubridae

识别特征： 体粗壮，近圆筒形。头小，短，与颈部区分不显著。吻鳞三角形，背视可见。眼中等大，瞳孔圆形。尾短。上颌齿10~11枚。颊鳞单枚，罕见2枚。有下眶前鳞；眶前鳞单枚。上唇鳞8枚（罕见7枚），3-2-3排列；下唇鳞6~9枚。背鳞光滑，19-19-17行。腹鳞155~189枚。肛鳞完整。尾下鳞对分，40~60对。背棕灰色或红棕色。身体和尾背色斑模式是网状带有不规则细黑色横斑；有一条橘红色脊纹。头背表面有一条暗棕色条纹从额鳞穿过眼到达上唇鳞；一个尖端向前的"V"形斑纹从额鳞延伸到颈部；2个饰有黑色和橘红色边的暗斑分别位于顶鳞上。头腹面和前腹部苍白色有褐色或橘红色侧斑。后腹部和尾腹面粉红色。

生境与习性： 栖息于平原以及山地。嗜吃爬行动物的卵，包括它自己的卵。卵生。

地理分布： 国内分布于福建、广东、广西、江西、江苏、贵州、海南、浙江、台湾。国外分布于越南。

种群状况： 常见种。

3.2.40 翠青蛇
Ptyas major

有鳞目 SQUAMATA　蛇亚目 SERPENTES
游蛇科 Colubridae

识别特征： 身体适度粗壮。头颈区分显著。眼大，瞳孔圆形。尾适度长。上唇鳞8枚，3-2-3排列，个别7枚或9枚。下唇鳞6枚。颊鳞单枚。眶前鳞单枚，眶后鳞2枚。颞鳞1~2枚。背鳞光滑，通体15行，但雄性荐背鳞起弱棱。腹鳞156~189枚。肛鳞对分。尾下鳞对分，72~97对。背亮绿色，幼体有黑色斑点。腹面和上唇鳞下部、下唇鳞浅黄绿色或乳黄色。

生境与习性： 栖息于丘陵和山地森林。昼行性陆栖动物，有时在夜间活动。食物包括蚯蚓和昆虫幼虫。卵生。

地理分布： 中国分布于甘肃、陕西、河南、四川、重庆、湖北、湖南、江西、江苏、浙江、安徽、上海、浙江、福建、广东、海南、广西、贵州、台湾、香港。国外分布于越南。

种群状况： 常见种。

3.2.41 南方链蛇
Lycodon meridionale

有鳞目 SQUAMATA **蛇亚目** SERPENTES
游蛇科 Colubridae

识别特征：体纤细，较长；头短，扁平，与颈部区分不显著。有颊鳞，眶前鳞单枚，眶后鳞2枚；上唇鳞8枚，第3~5枚入眶；眼大，瞳孔椭圆形；上颌齿最后3枚扩大；尾长；外侧4行鳞光滑，其他鳞行起棱，越往后棱越强；体中段鳞17行；腹鳞234~246枚；尾下鳞98~106枚；肛鳞单枚。背黄色，身体至尾有黑色横斑；前头前部鳞片有大的灰色区域，边缘为黑色；唇鳞有大的黑色区域；颏部规则排列有淡黄色斑块；腹部边缘有深色条纹，后面变暗，尤其是在尾下。

生境与习性：夜行性动物，栖息于季风区花岗岩和喀斯特森林，地面活动，以蛇类和雏鸟等为食。卵生。

地理分布：中国分布于广东、广西、云南。国外分布于中南半岛北部。

种群状况：偶见种。

3.2.42 细白环蛇
Lycodon neomaculatus

有鳞目 SQUAMATA 蛇亚目 SERPENTES
游蛇科 Colubridae

识别特征：体细长，圆筒状，最大体长可达 900 mm。头扁平，吻钝圆。瞳孔直立。没有眶前鳞；前额鳞入眶；颊鳞 1 枚，入眶；背鳞有弱棱，环体鳞 17－17－15；肛鳞对分。头前部灰黑色，喉部灰白色；体背黑色或灰黑色，全身具白色环纹，有时背后部环纹不显。

生境与习性：生活于平原、丘陵、山地。捕食壁虎、蜥蜴等。卵生。

地理分布：中国分布于福建、广东、香港、海南、广西。国外分布于中南半岛、印度尼西亚、菲律宾。

种群状况：较常见。

3.2.43 草腹链蛇
Amphiesma stolatum

有鳞目 SQUAMATA 蛇亚目 SERPENTES
水游蛇科 Natricidae

识别特征：中等偏小体形，成体全长 600~900 mm。头颈区分明显。眼大，瞳孔圆形。鼻鳞对分。鼻间鳞较短。背鳞式 19－19－17，起强棱，两外侧行鳞平滑。体背微棕色或橄榄褐色，或多或少有清晰黑斑或黑色网纹斑，与两条黄色纵带相交，后部更加清晰。眶前鳞和眶后鳞黄色。腹面白色，通常在每个腹鳞两端有 1 个黑斑点。

生境与习性：昼行性陆栖无毒蛇。栖息于平原、丘陵和山地，常见于农田周边。以蟾蜍和蛙类为食。

地理分布：中国分布于华南、华东地区。国外分布于南亚和东南亚。

种群状况：种群数量较大。

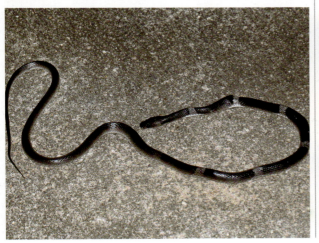

3.2.44 白眉腹链蛇

Hebius boulengeri

有鳞目 SQUAMATA　蛇亚目 SERPENTES
水游蛇科 Natricidae

识别特征：小型腹链蛇。背灰黑色，头每侧有一条醒目的白纹，起于最下枚眶后鳞，沿第7、8、9枚上唇鳞向后斜上延伸，连接体侧背方的一条纵行粉红棕色窄纹，向后延伸至尾侧。唇鳞和颔片大部分黑色，或有黑斑；腹鳞两侧黑斑在前段长宽几乎相等，向后变宽，前后缀连成"腹链"纹；腹鳞在链状纹外侧部分有杂斑。有1枚眶前鳞和2枚眶后鳞。腹鳞143~147枚，尾下鳞85~102枚。背鳞19-19-17行，除最外行背鳞平滑无棱，均具棱；肛鳞对分；尾下鳞双行。

生境与习性：栖息于山区稻田和山谷小溪附近，卵生。

地理分布：产地在广东揭西县。中国分布于广东、香港、海南、福建、江西、贵州、云南。国外分布于越南。

种群状况：相对常见种。

3.2.45 坡普腹链蛇

Hebius popei

有鳞目 SQUAMATA　蛇亚目 SERPENTES
水游蛇科 Natricidae

识别特征：体型细小，成年全长500~600 mm。头略大，与颈部区分明显。背鳞19-19-17，除最外侧2行平滑外，均具棱。头背紫红色，近口角处（即最后1枚上唇鳞上）有一白斑；前颈背距顶鳞后缘约3行鳞处各有一浅红色大斑，紧贴最后1枚上唇鳞后缘向下与腹部相贯通，左右两斑在颈背几乎相连；顶鳞沟前1/3处两侧有1对镶黑边的浅色点斑。上唇鳞中间白色，边缘黑褐色。下唇鳞白色，鳞沟黑褐色。躯干和尾背灰褐色，体侧每隔2~3枚鳞有1个由2枚鳞组成的白色斑点，前后排列成行，延伸至尾。腹鳞及尾下鳞两外侧灰褐色，近外侧各有一黑斑点，前后缀连成链状纹，两链之间灰白色。

生境与习性：夜行性陆栖无毒蛇，栖息于低山、丘陵、稻田等生境。以蛙类为食。

地理分布：中国特有种，分布于广东、海南、广西、云南、贵州、湖南。

种群状况：种群数量较大。

3.2.46 三索锦蛇
Coelognathus radiatus

有鳞目 SQUAMATA　蛇亚目 SERPENTES
游蛇科 Colubridae

识别特征： 最大体长超过 1000 mm。头背部棕黄色，眼后及眼下方有 3 条黑线纹，1 条位于眼正下方，止于上唇鳞下缘，1 条始于眶后鳞与上唇鳞鳞缝，斜向下，止于下唇鳞，1 条始于眶后鳞之后，眼顶鳞边缘向后，与枕部有 1 条黑色横纹相连；该黑色横纹沿顶鳞后缘向两侧延伸，止于最外侧 1 行背鳞。身体前段两侧各有 2 条黑色纵纹，上面 1 条比较宽，近连续，下面 1 条较窄，为断续纹；身体后段至尾部无斑纹，尾色橙红。背鳞中段 19 行，中央数行起棱；腹鳞超过 200 枚。肛鳞完整，尾下鳞对分。

生境与习性： 栖息于平原、丘陵和山区河谷地带。昼行性。食鼠类、鸟类、蜥蜴及蛙类，也食蚯蚓。被激怒时颈部侧扁，身体呈"S"形，作出攻击姿态。

地理分布： 中国分布于中国福建、广东、香港、广西、贵州、云南。国外分布于印度、马来西亚、印度尼西亚等。

种群状况： 较常见。国家二级保护动物；《中国生物多样性红色名录》濒危（EN）物种。

3.2.47 黑眉锦蛇
Elaphe taeniurua

有鳞目 SQUAMATA　蛇亚目 SERPENTES
游蛇科 Colubridae

识别特征： 体细长，最大体全长可达 2327 mm。头颈区分显著。眼中等大，瞳孔圆形。尾细长。颊鳞单枚。眶前鳞 1 枚或 2 枚，通常在眶前鳞下有 1 枚小鳞。上唇鳞 6~9 枚，下唇鳞 9~13 枚。背鳞在体中段除最外一行平滑外，均起弱棱。腹鳞 223~261 枚，鳞外侧有弱棱。尾下鳞对分，77~121 对。肛鳞对分。背部及头和颈部均灰棕色，头的每侧带有一条黑色线带，在眼后最宽。体背前部分有一由蝴蝶形黑斑组成的脊列，在黑斑侧方有黑色小斑。体背后段有一条 3~4 行鳞宽的浅色脊带，两侧各有一条 5~6 行鳞宽的黑带。腹面黄色或乳黄色。

生境与习性： 栖息于平原、丘陵和山地。以蛙类、鸟类和啮齿动物为食。昼行性陆栖蛇类。卵生。

地理分布： 中国除宁夏、新疆、青海、黑龙江、吉林外，见于各省。国外分布于越南、泰国、缅甸、印度、日本、韩国、俄罗斯。

种群状况： 常见种。*IUCN RL* 易危（VU）物种、《中国生物多样性红色名录》濒危（EN）物种。

3.2.48 钝尾两头蛇
Calamaria septentrionalis

有鳞目 SQUAMATA　蛇亚目 SERPENTES
两头蛇科 Calamariidae

识别特征： 吻短而宽圆。尾短钝，与身体等粗，尾鳞背视刚刚可见。腹鳞136~192枚，尾下鳞8~12对。背面黑棕色或蓝棕色，鳞有许多小白点，形成网状。有一个背中部断开的黄色围领。尾基部有2个黄斑。腹面珊瑚红色，尾正中有一条黑线。

生境与习性： 栖息于低地林中。吃蚯蚓或昆虫幼虫。卵生。

地理分布： 中国分布于江西、安徽、江苏、浙江、福建、广东、海南、广西、贵州、四川、湖南、湖北、河南、香港、台湾。国外分布于越南。

种群状况： 常见种，但很隐蔽。

3.2.49 黄斑渔游蛇
Fowlea flavipunctatus

有鳞目 SQUAMATA　蛇亚目 SERPENTES
水游蛇科 Natricidae

识别特征： 中等体形，成体全长600~800 mm。头椭圆形，与颈部区分显著。颊鳞单枚。背鳞19-19-17行，中央9~15行起棱。体尾背面多为黄褐色、黄绿色、土黄色等，部分个体体侧散以红色。体背面散以黑色色斑，色斑交错排列，呈棋盘状，体中后段逐渐不显。头背橄榄灰色，眼后下方有1个黄色色斑，色斑两侧镶黑色细纹，黄色色斑在幼体时尤为明显，随年龄增长逐渐不显。颈部有一个"V"形黑色斑。腹面污白色，每枚腹鳞基部呈黑色。

地理分布： 中国长江以南地区广泛分布。国外分布于南亚和东南亚地区。

种群状况： 种群数量较大，常见于农田和小型静水生境。

3.2.50 莽山后棱蛇
Opisthotropis cheni

有鳞目 SQUAMATA 蛇亚目 SERPENTES
水游蛇科 Natricidae

识别特征：体圆筒形。头宽平扁，与颈部区分不显。眼小，瞳孔圆形。吻鳞长方形，宽大于高，背视刚刚可见。鼻孔背置，在单一鼻鳞上。鼻间鳞小。前额鳞单枚。颊鳞单枚，入眶。无眶前鳞。眶后鳞2枚。通体背鳞17行，起弱棱。肛鳞对分，尾下鳞对分。上体黑色至橄榄色，常有黄色横斑、块斑；有时通体无斑，腹面纯色，偶有斑点。

生境与习性：栖息于山区溪流和水稻田中。常见于水中、石下和腐烂植物间。以环节动物为食。夜行性。卵生。

地理分布：中国特有种。分布在南岭山脉中段的湖南莽山国家级自然保护区、广东南岭国家级自然保护区、广东封开黑石顶自然保护区。

种群状况：黑石顶自然保护区常见种。黑石顶自然保护区种群多为通体无斑色型，酷似山溪后棱蛇。

3.2.51 侧条后棱蛇
Opisthotropis lateralis

有鳞目 SQUAMATA 蛇亚目 SERPENTES
水游蛇科 Natricidae

识别特征：体圆筒形。头平扁，与颈部区分不显。眼小，瞳孔圆形。头部鳞片鳞缝黑色，清晰。吻鳞大，背视可见较多。鼻孔背置，在单一鼻鳞上。鼻间鳞小。前额鳞单枚。颊鳞单枚，不入眶。眶前鳞2枚。眶后鳞2枚。上唇鳞10~11枚，下唇鳞10枚。通体背鳞17行，体背后段鳞具强棱。肛鳞对分。尾下鳞对分。上体橄榄色或棕褐色，体侧自眼后至有一条清晰的黑线向后延伸，腹面黄白色。

生境与习性：栖息于山区溪流和水稻田。常见于水中、石下和腐烂植物间。以环节动物为食。夜行性。卵生。

地理分布：中国分布于中国江西、安徽、浙江、福建、广东、广西、贵州、湖南、重庆。

种群状况：黑石顶自然保护区常见种。

3.2.52 张氏后棱蛇
Opisthotropis hungtai

有鳞目 SQUAMATA　蛇亚目 SERPENTES
水游蛇科 Natricidae

识别特征：小型蛇类，全长可达 500 mm，体圆筒形；头平扁，与颈部区分不显；眼小，瞳孔圆形；吻短，吻鳞稍大，背视刚刚可见。上颌齿 16~18 枚。前额鳞单枚；鼻孔背置，在单一鼻鳞上，鼻鳞沟指向第 2 枚上唇鳞；鼻间鳞小，不与颊鳞相接；颊鳞单枚，不入眶。眶前鳞单枚，眶后鳞 1 枚或 2 枚；上唇鳞 7 枚，第 4、5 枚入眶；通体背鳞 15 行，均光滑无棱。肛鳞对分，尾下鳞双行。头黑色，有黄色斑点。体尾背鳞黑绿色，每一枚鳞片中央均有一枚黄色斑点，通常体侧的黄斑比背侧的黄斑大。腹面黄色，下唇鳞和颊鳞和颔片等头腹面鳞黄色，有黑斑；尾下鳞黄色，边缘黑色，形成黑色鳞缝和尾下中线。

生境与习性：栖息于海拔 190~1150 m 的山区多小溪，尤喜岩石底质溪流，但黑石顶自然保护区的标本采自路边泥砂质底质的沟渠。夜行性。

地理分布：黑石顶自然保护区为该种的模式产地。中国分布于广东、广西。

种群状况：黑石顶自然保护区常见种。

3.2.53 北方颈槽蛇
Rhabdophis helleri

有鳞目 SQUAMATA　蛇亚目 SERPENTES
水游蛇科 Natricidae

识别特征： 中等体形，成年全长超过 1000 mm。头颈区分显著。颈背有 1 个纵行沟槽，即为颈槽；两侧为成对扩大鳞片。背鳞起棱，19-19-17 排列，全部具棱或最外 2 行光滑。成年和幼体体色有较大变化，幼年个体头背和前颈背灰色，其后依次为黑色和明黄色围领，黄色围领后至体前段背猩红色有黑斑纹，体侧下部黄色；向后至尾背均为橄榄绿色，有深色横纹和块斑。成年个体头和前颈背橄榄绿色，黑色和黄色围领消失；其后至体前段猩红色，余部鳞片外露部分橄榄绿色，隐藏部分深灰色，因此通常为橄榄绿色，有深色斑，但当其吞食猎物时，身体变粗，隐藏部分鳞片外露，此时该部位整体呈深灰色。

生境与习性： 陆栖毒蛇，昼夜均有活动。栖息于山间水域附近。以蟾蜍和蛙类为食。扩大的上颌齿无沟，但达氏腺可分泌溶血能力极强的细胞浆液。另外，颈部的颈腺在受刺激后会分泌白色或黄白色浆液，浆液进入眼、黏膜及伤口会引起红肿疼痛。

地理分布： 中国分布于福建、广东、香港、海南、广西、云南、四川、贵州。国外分布于印度、不丹、孟加拉国、尼泊尔。

种群状况： 种群数量大，常见种。

3.2.54 环纹华游蛇

Trimerodytes aequifasciata

有鳞目 SQUAMATA　蛇亚目 SERPENTES
水游蛇科 Natricidae

识别特征：体强壮而长，最大全长达 1420 mm。吻长。头三角形，头颈区分显著。眼中等大。鼻孔侧向。鼻鳞单枚，长方形。颊鳞单枚。眶前鳞单枚，少数 2 枚。眶后鳞 2~4 枚。通常有小眶下鳞 1~3 枚。上唇鳞 9 或 8 枚，不入眶或 1~2 枚入眶。下唇鳞 8~11 枚。背鳞 19-19-17 行，中央 13~17 行起强棱。腹鳞 144~164 枚。肛鳞对分。尾下鳞对分，63~75 对。成体头背红棕色。唇灰白色。体尾背灰色或棕色，有 18~21+11~13 个独特的暗斑带，该斑带中心浅色，向体侧延展形成"X"形。腹面白色，有不完整的黑斑带。

生境与习性：栖息于低地到山区森林内大型多石溪流。以鱼类和蛙类为食。卵生。

地理分布：中国分布于江西、浙江、福建、广东、香港、海南、广西、云南、重庆、贵州、湖南。国外分布于越南、缅甸、老挝。

种群状况：常见种。《中国生物多样性红色名录》易危（VU）物种。

3.2.55 乌华游蛇
Trimerodytes percarinata

有鳞目 SQUAMATA　蛇亚目 SERPENTES
水游蛇科 Natricidae

识别特征： 体粗壮而长，最大全长近 1600 mm。吻长。头三角形与颈部区分显著。鼻孔侧位，鼻鳞对分。颊鳞单枚。眶前鳞单枚，偶尔 2 枚。眶后鳞 3~5 枚。通常有小型眶下鳞。上唇鳞 8~9 枚，有 1~2 枚入眶。下唇鳞 8~11 枚。背鳞起棱，19-19-7 排列，最外行弱棱或光滑。腹鳞 131~160 枚。肛鳞对分。尾下鳞对分，44~87 对。成年上体橄榄棕色，年轻及幼年个体橄榄色，有超过 36 个镶浅色边缘的黑色斑带，该斑带在背部分叉。幼体的体侧斑带间桃红色。体腹面发白或灰色，有不完整暗色斑带。

生境与习性： 栖息于山间水域，常潜伏在静水坑内静待猎物。夜行性水生及陆生蛇类。以鱼类和蛙类为食。卵生。

地理分布： 中国分布于江西、安徽、江苏、浙江、福建、广东、香港、海南、广西、云南、四川、甘肃、陕西、河南、湖北、湖南、贵州、台湾。国外分布于缅甸、泰国、老挝、越南。

种群状况： 常见种。《中国生物多样性红色名录》易危（VU）物种。

3.2.56 黑头剑蛇
Sibynophis chinensis

有鳞目 SQUAMATA　蛇亚目 SERPENTES
剑蛇科 Sibynophiidae

识别特征：体细长，呈圆柱状。头颈区分不显。尾甚长。鼻孔大，在鼻鳞中央。颊鳞小。眶前鳞单枚。眶后鳞 2 枚。背鳞 17 行，平滑。腹鳞 168~175 枚。肛鳞对分。尾下鳞对分，171~187 对。头背灰棕色，有 2 条黑色横斑，1 条在眼后，另 1 条在枕部。颈背有镶浅黄色后缘的黑色大斑；其后的体至尾背棕色，有 1 条清晰的黑色脊线，通常还有 2 条不太清晰的背侧纵线。唇白色。腹面浅黄色，通常每一个腹鳞有外侧黑斑点，形成 2 条纵线。

生境与习性：栖息于低山森林中。昼行性陆栖动物。食物有蜥蜴和蛙类。卵生。

地理分布：中国分布于江西、安徽、浙江、江苏、福建、广东、香港、海南、广西、四川、甘肃、陕西、贵州、湖南。国外分布于越南、老挝。

种群状况：常见种。

3.3 鸟类图鉴

本研究记录鸟类 162 种，本节收录了其中的 142 种。

3.3.1 小䴙䴘
Tachybaptus ruficollis

䴙䴘目 PODICIPEDIFORMES
䴙䴘科 Podicedidae

识别特征：体小而短胖的䴙䴘，体长约 27cm。繁殖期头顶及上体深褐色，颊部及前颈栗红色，具明显黄绿色嘴斑，下体灰白色。非繁殖期上体灰褐，下体皮黄。尾短小，呈绒毛状；瓣蹼足。虹膜黄色；嘴黑色或角质色；脚蓝灰色。

生境与习性：栖息于池塘、湖泊、江河、沼泽等地。有时成小群，也与其他水鸟混群。常潜水取食水生昆虫及其幼虫、鱼虾等。求偶期间相互追逐时常发出重复的高音吱叫声。营浮巢于水生植物上。早成鸟，孵出后第 2 日即可下水游泳。

地理分布：分布于非洲、印度、中国、日本、菲律宾、印度尼西亚至巴布亚新几内亚北部等地区。

种群状况：全年常见。

3.3.2 白鹭
Egretta garzetta

鹈形目 PELECANIFORMES
鹭科 Ardeidae

识别特征：中等体形的白色鹭，体长约 60 cm。全身羽毛白色，繁殖期枕部具两根细长饰羽，背及胸具蓑状羽。与非繁殖期的牛背鹭的区别在于体形较大而纤瘦。虹膜黄色；脸部裸露皮肤黄绿色，繁殖期为淡粉色；嘴黑色；腿及脚黑色，趾黄色。

生境与习性：栖息于低海拔的沼泽、稻田、湖泊、滩涂及沿海小溪流。以鱼、蛙、昆虫等为食，兼食部分植物。单独或成散群活动。常与其他鹭集群营巢于阔叶林或杉林的树冠处。

地理分布：分布于非洲、欧洲、亚洲及大洋洲。

种群状况：全年常见，种群数量中等。

3.3.3 牛背鹭
Bubulcus coromandus

鹈形目 PELECANIFORMES
鹭科 Ardeidae

识别特征： 体形略小的白色或粉色鹭，体长约 50 cm。繁殖期大体白色，头、颈、胸披着橙黄色的饰羽，背上着红棕色蓑羽。非繁殖期体羽纯白，仅部分鸟额部呈橙黄色。喙、颈较白鹭为短。虹膜黄色；嘴橙黄色；脚暗黄至近黑色。

生境与习性： 栖息于稻田、牧场、水塘、农田及沼泽地等。常成对或结小群，多跟在家畜周围捕食被惊扰起来的昆虫，也吃鱼、虾等。繁殖期常与白鹭、池鹭等混群营巢于近水的大树、竹林或杉林。

地理分布： 分布于北美洲东部、南美洲中部及北部、伊比利亚半岛至伊朗地区，印度至中国南方地区、日本南部、东南亚地区等。

种群状况： 全年常见。

3.3.4 池鹭
Ardeola bacchus

鹈形目 PELECANIFORMES
鹭科 Ardeidae

识别特征： 体形略小的鹭，体长约 47 cm。繁殖期头及颈深栗色，胸深绛紫色，从肩披至尾的蓑羽蓝黑色，余部白色。非繁殖期大体灰褐色，具褐色纵纹，飞行时双翼及下体白而背部深褐色。虹膜金黄色，眼裸部黄绿色；嘴黄色，嘴端黑色；腿至趾黄绿色。

生境与习性： 栖息于池塘、湖泊、沼泽及稻田等水域及附近的树上。单独或成分散小群进食，以动物性食物为主。常与夜鹭、白鹭、牛背鹭等组成巢群，在竹林、杉林等林木的顶部营巢。

地理分布： 分布于孟加拉国至中国及东南亚地区。越冬至马来半岛、中南半岛、大巽他群岛。迷鸟偶见于日本。

种群状况： 全年常见，种群数量中等。

3.3.5 绿鹭
Butorides striata

鹈形目 PELECANIFORMES
鹭科 Ardeidae

识别特征：体小的深灰色鹭，体长约 43 cm。成鸟头顶羽冠黑色并具绿色金属光泽，嘴基部的黑线延至脸颊。上背灰色，两翼及尾青蓝色并具绿色光泽，覆羽羽缘皮黄色。颏白，腹部粉灰。雌鸟体形比雄鸟略小。幼鸟具褐色纵纹。虹膜黄色；嘴黑色；脚偏绿色。

生境与习性：性孤僻，栖息于山间溪流、湖泊、滩涂等生境。常单独活动，在溪边或水中岩石边注视水流伺机捕食。食物主要为鱼、蛙类、螺类及昆虫等。

地理分布：分布于北美洲、非洲、东北亚、东南亚地区，以及印度、中国、巴布亚新几内亚、澳大利亚。

种群状况：夏季可见，种群数量较小。

3.3.6 黑冠鳽
Gorsachius melanolophus

鹈形目 PELECANIFORMES
鹭科 Ardeidae

识别特征：体形较大，粗壮，全长 49 cm。成鸟头顶具黑色短冠羽，上体栗褐色，具黑色点斑，下体棕黄而具黑白色纵纹，颏白并具由黑色纵纹而成的中线。飞行时可见黑色的飞羽及白色翼尖。亚成鸟上体深褐具白色点斑及皮黄色横斑，下体苍白具褐色点斑及横斑。虹膜黄色，眼周裸露皮肤橄榄色；嘴橄榄色，粗短而略下弯。脚橄榄色。

生境与习性：夜行性。白天躲藏在浓密植丛或近地面处，夜晚在开阔地进食。受惊时飞至附近树上。

地理分布：留鸟或夏候鸟罕见于中国云南、广西、广东、海南，冬季南迁至大巽他群岛。

种群状况：国家二级保护动物。保护区只有 1 次红外相机记录。

3.3.7 白胸苦恶鸟
Amaurornis phoenicurus

鹤形目 GRUIFORMES

秧鸡科 Rallidae

识别特征： 体形略大的近黑色及白色秧鸡，长约 33 cm。头顶及上体深灰色，前额、两颊至上腹部白色，胁部黑色，臀部栗色。虹膜红色；嘴黄绿色，上嘴基橙红色；脚黄褐色。

生境与习性： 栖息于沼泽、河流、湖泊、农田、红树林、灌渠、池塘等潮湿生境。常单独活动，偶尔两三成群。善于步行、奔跑和涉水，行走时头颈前后伸缩，尾上下摆动。飞时头颈伸直，两腿垂悬。杂食性。巢营于水域附近的灌木丛、草丛或灌水的水稻田内。

地理分布： 分布于印度、中国南部、菲律宾、苏拉威西岛、马鲁古群岛及马来群岛。

种群状况： 较常见于低海拔农田、河流或库塘环境。

3.3.8 灰头麦鸡
Vanellus cinereus

鸻形目 CHARADRIIFORMES

鸻科 Charadriidae

识别特征： 体形较大，长约 35 cm。成鸟头、颈及上胸灰色，胸带黑色，上体褐色，腹部白色。幼鸟似成鸟，但褐色较浓且无黑色胸带。飞行时，从背面看，黑色的翼尖与白色翼中部、褐色翼上覆羽及背形成对比；从腹面看，翼内侧大片白色部分与黑色初级飞羽形成对比。虹膜橘红色；眼周裸出部及眼先肉垂黄色；嘴黄色而端黑色；脚黄色。

生境与习性： 栖息于近水的草地、盐碱滩、多砾石的河滩、沼泽和水田等地，以及海滨。常成对活动，性活泼，边走边觅食。主要以昆虫、甲壳类、软体动物等小型无脊椎动物为食，亦吃少量草籽等植物性食物。营巢于河心沙洲或近水滩地地面凹陷处，非常简陋。

地理分布： 分布于北非、东南亚至巴布亚新几内亚地区。北方的鸟南迁越冬。有留鸟群在中国华南地区，为当地繁殖鸟。

种群状况： 春、秋、冬季在黑石顶自然保护区的山脚农田、村舍附近草地和河滩有零星记录，多为迁徙过境或越冬鸟，未见繁殖鸟。

3.3.9 丘鹬
Scolopax rusticola

鸻形目 CHARADRIIFORMES
丘鹬科 Scolopacidae

识别特征： 全长约 35 cm。头略呈三角形，嘴长且直。头顶及颈背具深色宽横斑。羽以淡黄褐色为主，上体具黑色带状横纹，下体色浅密布暗色横斑。双翼圆阔。虹膜深褐色；嘴黄褐色，端黑色；脚粉灰色。

生境与习性： 主要栖息于丘陵山区潮湿的针叶林、混交林和阔叶林中。常单只活动。白天隐蔽，伏于地面，晨昏或夜晚飞至开阔地觅食。取食蚯蚓、昆虫幼虫、蛙类等，也吃部分绿色植物及其种子。

地理分布： 繁殖于古北界，在东南亚为候鸟，在中国南方为过境鸟或冬候鸟。

种群状况： 春、秋、冬季的红外相机有多个位点拍摄记录，有一定的种群数量。

3.3.10 珠颈斑鸠
Spilopelia chinensis

鸽形目 COLUMBIFORMES
鸠鸽科 Columbidae

识别特征： 全长约 30 cm。颈侧具缀满白点的黑色块斑。上体灰褐色，较山斑鸠色单调，下体粉红色。飞行时，翼内缘青灰色，尾略显长，外侧尾羽末端白色明显。虹膜橙色；嘴深灰色；脚暗粉红色。

生境与习性： 栖息于有疏树的草地、丘陵、郊野农田，或住家附近，也见于潮湿的阔叶林。常结成小群，有时与山斑鸠等类混群。在树上停歇或在地面觅食，受惊时飞到附近的树上，拍翼咔嗒有声。食物以植物种子，特别是农作物种子为主。巢通常位于树上或在矮树丛和灌木丛间。

地理分布： 中国广布于华北及长江以南地区。国外见于东南亚等地。

种群状况： 常见鸟类，种群数量大。

3.3.11 山斑鸠
Spilopelia orientalis

鸽形目 COLUMBIFORMES

鸠鸽科 Columbidae

识别特征：全长约 32 cm。颈侧有具黑白色条纹的块状斑。上体羽缘棕色，尾羽近黑色，尾梢浅灰色。下体多偏粉色。虹膜橙黄色；嘴铅灰色；脚粉红色。

生境与习性：栖息于多树地区以及丘陵、山脚及平原。常结群活动。食物主要为植物性，包括植物种子、幼芽、嫩叶、果实及农作物等，也食蜗牛、昆虫等动物性食物。营巢于树上或灌木丛间。

地理分布：分布于喜马拉雅山脉、印度、日本、中国及东北亚地区。

种群状况：常见鸟类，种群数量大。

3.3.12 绿翅金鸠
Chalcophaps indica

鸽形目 COLUMBIFORMES
鸠鸽科 Columbidae

识别特征：全长约25 cm。雄鸟头顶灰色，额白色，腰灰色，两翼亮绿色，肩染白色，其余体色紫红色。雌鸟头顶无灰色，额肩几无白色。雌雄个体的腰背部均有两道黑色和白色的横斑带，飞行时可见。

生境与习性：栖息于山区植被茂密生境，于林下觅食。

地理分布：中国分布于台湾、华南至云南地区、西藏。国外分布于菲律宾、印度尼西亚等地。

种群状况：红外相机显示其主要活动于黑石顶自然保护区中低海拔地势稍平坦的林区，种群数量较大。

3.3.13 灰胸竹鸡
Bambusicola thoracicus

鸡形目 GALLIFORMES
雉科 Phasianidae

识别特征：全长约33 cm。前额、眉纹及上胸蓝灰色，脸、喉及颈侧棕红色。上背和翼上覆羽具栗色、黑色和白色的斑点，臀部灰棕色，胁部具较多黑斑。尾具细横斑，外侧尾羽栗色，飞行时较明显。飞行时可见翼下两块白斑。幼鸟色彩较淡。虹膜深棕色或淡褐色；嘴黑色或近褐色；脚绿色或黄褐色。

生境与习性：栖息于有浓密灌丛的常绿阔叶林、竹林、开阔林地和公园等生境。善鸣叫，但较隐蔽，雄鸟晨昏时喜鸣叫。好结群，冬季形成家族小群。飞行笨拙、径直。性杂食。营巢于灌丛、草丛、树木、竹林下的地面凹陷处或树根附近的裸露地方。

地理分布：中国南方为其主要分布区。

种群状况：种群数量巨大。

3.3.14 白鹇
Lophura nycthemera

鸡形目 GALLIFORMES
雉科 Phasianidae

识别特征：雄鸟体大，长 94~110 cm。头顶具黑色长冠羽，脸颊裸皮猩红色，上体及尾羽白色具黑斑和细纹（中央尾羽纯白），下体蓝黑色。雌鸟具暗色冠羽及红色脸颊裸皮，上体灰褐色，灰色尾显短。虹膜褐色；嘴黄色；脚鲜红色。

生境与习性：栖于多林的山地及开阔边缘地带。结群活动。昼间漫游。警觉性高，受惊后迅速狂奔。夜间栖宿于树枝上。巢位于灌木丛间的地面凹处。

地理分布：分布于中国南部至东南亚地区。

种群状况：全年常见，冬季可见几十只群体。国家二级保护动物。

3.3.15 八声杜鹃
Cacomantis merulinus

鹃形目 CUCULIFORMES
杜鹃科 Cuculidae

识别特征：体形较小，全长约 21 cm。成鸟头灰色，背部至尾部为褐色，胸腹棕褐色。亚成鸟上体褐色而具黑色横斑，下体偏白色，且横斑较多。和栗斑杜鹃类似，但无眼纹。

生境与习性：主要栖息于平原、丘陵及山地的森林，常见于有茂密大树的阔叶林地及农耕区，有时也可在城市绿地公园看到。性羞涩，常匿身于树冠层，难得一见。寄生巢繁殖，寄主鸟类为长尾缝叶莺等小型鸟类。

地理分布：中国繁殖于西藏、四川、云南、广西、广东、海南、福建。国外分布于印度东部至中国南部、大巽他群岛、苏拉威西岛及菲律宾。

种群状况：黑石顶自然保护区偶见繁殖鸟。

3.3.16 大鹰鹃
Hierococcyx sparverioides

鹃形目 CUCULIFORMES
杜鹃科 Cuculidae

识别特征：全长约 40 cm。头背灰褐色，颏黑色；胸棕色，下体白色，染棕色；喉胸部具黑灰色纵纹，腹部褐色横斑；尾部次端斑棕红，尾端白色。亚成鸟上体褐色带棕色横斑，下体皮黄而具近黑色纵纹。

生境与习性：中国长江以南地区常见夏季繁殖鸟，见于山区、平原、村镇等各种生境，多栖于密林，繁殖求偶季节昼夜鸣叫，鸣声特点鲜明，易于识别。寄生巢繁殖，寄主鸟类有喜鹊、鹛类等。

地理分布：繁殖季节国外分布于巴基斯坦、印度、缅甸等，中国分布于西藏南部、华中、华东、东南、西南地区和海南。越冬于印度南部、加里曼丹岛、菲律宾至苏拉威西岛等。

种群状况：中国华南地区常见夏季繁殖鸟，黑石顶自然保护区春、夏季有一定的种群数量。

3.3.17 乌鹃
Surniculus lugubris

鹃形目 CUCULIFORMES
杜鹃科 Cuculidae

识别特征： 全长约 23 cm。全身体羽亮黑色，尾末端开叉，但不如黑卷尾开叉深，尾下覆羽和外侧尾羽具白色横斑。

生境与习性： 栖息于林地、林缘地和低地山林。性较羞怯。华南地区为夏候鸟。

地理分布： 繁殖于中国，常见于中国广东、海南、广西、云南等地。国外分布于缅甸北部、泰国北部和中南半岛北部，越冬时南至苏门答腊岛。

种群状况： 夏季较常见。

3.3.18 噪鹃
Eudynamys scolopaceus

鹃形目 CUCULIFORMES
杜鹃科 Cuculidae

识别特征： 尾较长，全长约 42 cm。雄鸟全身黑色带钢蓝色光泽。雌鸟深灰色染褐色，并具大量白斑，在腹部形成横纹。虹膜深红色；嘴暗绿色；脚蓝灰色。

生境与习性： 栖于稠密或开阔的森林，也常出现在果园、灌丛或园林中。常隐蔽于大树顶层密集的叶簇中，常只闻其声，不见其体。食物比一般杜鹃杂，野果、种子、其他植物质及昆虫都吃。寄生巢繁殖，卵寄孵在黑领椋鸟、喜鹊、红嘴蓝鹊等的巢中。

地理分布： 分布于印度、中国、印度尼西亚等。

种群状况： 数量不多，见于村落风水林或较大树上。

3.3.19 褐翅鸦鹃
Centropus sinensis

鹃形目 CUCULIFORMES
杜鹃科 Cuculidae

识别特征： 全长约 52 cm。上背、翼为纯栗红色，余部黑色而带有光泽。亚成体具数量不一的横纹。

生境与习性： 喜林缘地带、灌木丛、次生林、多灌木河岸等生境。单只或成对活动。常下至地面活动或在浓密灌丛中攀爬。雨后或晨昏常见在灌丛顶部晒太阳。善走而拙于飞行。食物包括昆虫、蚯蚓、软体动物、蜥蜴、蛇、田鼠、鸟卵、幼雏等。

地理分布： 分布于印度、中国、大巽他群岛、菲律宾。

种群状况： 常见种，种群数量较大。国家二级保护动物；《中国生物多样性红色名录》易危（VU）物种。

3.3.20 小鸦鹃
Centropus bengalensis

鹃形目 CUCULIFORMES
杜鹃科 Cuculidae

识别特征： 全长约 42 cm，嘴和尾亦显短。繁殖期成鸟头、下体及尾污黑色，上背暗栗色，两翼及翼下栗色，肩和翼上覆羽具浅色矛状纹。非繁殖期成鸟上体褐色，具密集的矛状纹，翼红棕色，下体色浅，胸胁具细横纹。幼鸟似非繁殖期成鸟，但双翼和尾多褐色横纹，黄褐色的头、颈部具浅色纵纹。

生境与习性： 喜山边灌木丛、沼泽地带及开阔的灌丛草地。常栖地面，有时短距离飞行，在植被上掠过。性机警而隐蔽，稍受惊就奔入密丛深处。食物主要为昆虫和其他小型动物。筑巢于茂密的矮植物丛中，巢圆球形。

地理分布： 分布于印度、中国、菲律宾、印度尼西亚。

种群状况： 黑石顶自然保护区罕见。国家二级保护动物。《中国生物多样性红色名录》易危（VU）物种。

3.3.21 黑翅鸢
Elanus caeruleus

鹰形目 ACCIPITRIFORMES
鹰科 Accipitridae

识别特征：中小型猛禽。体灰白色，下体白色。眼先和眼周具黑斑，肩部亦有黑斑，飞翔时初级飞羽下面黑色，和白色的下体形成鲜明对照。尾较短，中间稍凹，浅叉状。脚黄色，嘴黑色。成鸟虹膜血红色，幼鸟黄色或黄褐色，嘴黑色，脚和趾深黄色，爪黑色。

生境与习性：常单独在早晨和黄昏活动，白天常见停息在大树树梢或电线杆上，当有小鸟和昆虫飞过时，才突然猛冲过去扑食。有时也在空中盘旋、翱翔，并不时地将两翅上举呈"V"形滑翔。

地理分布：中国华南、华东及西南地区都有分布，近年记录至山东。

种群状况：黑石顶自然保护区偶有记录。CITES 附录 II 物种。国家二级保护动物。

3.3.22 黑鸢
Milvus migrans

鹰形目 ACCIPITRIFORMES
鹰科 Accipitridae

识别特征：中型猛禽。前额基部和眼先灰白色，耳羽黑褐色，头顶至后颈棕褐色，具黑褐色羽干纹。上体暗褐色，微具紫色光泽和不甚明显的暗色细横纹和淡色端缘，尾棕褐色，呈浅叉状，尾端具淡棕白色羽缘；胸、腹及两胁暗棕褐色，具粗著的黑褐色羽干纹，下腹至肛部羽毛稍浅淡，几乎无羽干纹，或羽干纹较细，尾下覆羽灰褐色，翅上覆羽棕褐色。

生境与习性：栖息于河流、水库附近的平原和低山丘陵地带。常单独在高空飞翔，秋季有时亦结小群，优雅盘旋或缓慢振翅飞行。以动物性食物为主，可从水面捕食鱼类，偶尔也吃家禽和腐尸。

地理分布：常见并分布广泛。此鸟为中国最常见的猛禽之一。留鸟分布于中国各地，包括台湾、海南、西藏，高可至海拔 5000 m。

种群状况：黑石顶自然保护区由于缺乏大型河流和开阔区域的水库，不常见。CITES 附录 II 物种。国家二级保护动物。

3.3.23 蛇雕
Spilornis cheela

鹰形目 ACCIPITRIFORMES
鹰科 Accipitridae

识别特征：中大型猛禽。成鸟上体暗褐色或灰褐色，头顶冠羽蓬松，黑色，末端白色。下体褐色，腹部、两胁及臀具白色点斑。飞行时可见腹部与翼下满布白点；双翼宽阔，有显著翼指，有宽阔的白色横斑和黑色翼后缘。尾宽短，中段有白色横斑。幼鸟似成鸟，但褐色较浓，体羽多白色。虹膜黄色，脸黄色；嘴灰褐色；脚黄色。

生境与习性：栖居于高大密林中，喜活动于山地森林，亦见于林缘开阔地带。常单独或成对活动。

地理分布：留鸟见于中国西藏、云南、海南、台湾，以及长江以南各地区。

种群状况：黑石顶自然保护区较常见猛禽。栖息地的丧失以及过度猎捕是其种群受胁的主要因素。CITES 附录 II 物种。国家二级保护动物。

3.3.24 赤腹鹰
Accipiter soloensis

鹰形目 ACCIPITRIFORMES
鹰科 Accipitridae

识别特征：中小体形，全长约 33 cm。成鸟上体淡灰色，翼、上背及尾颜色稍深；下体白色，胸及两胁略沾粉色，两胁及腿略具横纹。飞行时除初级飞羽羽端黑色外，几乎全白。幼鸟上体褐色，胸部及腿上具褐色横斑，尾具深色横斑。虹膜红色或褐色；嘴深灰色具黑端，蜡膜橘黄色；脚橘黄色。

生境与习性：栖息于山地森林和林缘地带，也见于低山丘陵和山麓平原地带的小块丛林、农田地缘和村庄。常单独或成小群活动。通常从栖处捕食，捕食动作快，有时在上空盘旋。常追逐小鸟，也吃青蛙、鼠、蜥蜴、昆虫等其他动物性食物。营巢于树上，有时也利用喜鹊废弃的旧巢。

地理分布：繁殖于东北亚、中国；冬季南迁至菲律宾、印度尼西亚、巴布亚新几内亚。

种群状况：夏季和迁徙季常见。CITES 附录 II 物种。国家二级保护动物。

3.3.25 凤头鹰
Accipiter trivirgatus

鹰形目 ACCIPITRIFORMES
鹰科 Accipitridae

识别特征：中型猛禽。前额至后颈鼠灰色，具显著冠羽，上体其余部分褐色，尾具 4 道宽阔的暗色横斑。喉白色，具显著的黑色中央纹。幼鸟上体褐色，下体白色或皮黄白色，具黑色纵纹。虹膜金黄色，嘴角褐色或铅色，嘴峰和嘴尖黑色，蜡膜和眼睑黄绿色，脚和趾淡黄色，爪黑色。

生境与习性：留鸟，通常栖息在 2000 m 以下的山地森林，也出现在竹林和小斑块林地，偶尔也到山脚平原和村庄附近活动。昼行性。多单独活动，飞行缓慢，领域性甚强。

地理分布：中国分布于西南、华南、华东地区，以及海南、台湾。

种群状况：CITES 附录 II 物种。国家二级保护动物。

3.3.26 普通鵟
Buteo japonicus

鹰形目 ACCIPITRIFORMES
鹰科 Accipitridae

识别特征：中型猛禽。体色变化较大，上体主要为暗褐色，下体主要为暗褐色或淡褐色，具深棕色横斑或纵纹，尾淡灰褐色，具多道暗色横斑。飞翔时两翼宽阔，初级飞羽基部有明显的白斑，翼下白色，仅翼尖、翼角和飞羽外缘黑色（淡色型）或全为黑褐色（暗色型），尾散开呈扇形。翱翔时两翅微向上举呈浅"V"形。

生境与习性：常见于开阔平原、荒漠、旷野和农田附近，常在林缘草地和村庄上空盘旋翱翔。多单独活动，善飞翔，白天的大部分时间都在空中盘旋滑翔。

地理分布：中国繁殖于东北地区，迁徙时中国东部大部分地区都可以看到，在长江中下游地区为冬候鸟。

种群状况：CITES 附录 II 物种。国家二级保护动物。

3.3.27 红隼
Falco tinnunculus

隼形目 FALCONIFORMES
隼科 Falconidae

识别特征：体形较游隼小。翼长而狭窄，尾长、尖端较圆。雄鸟头灰色具模糊的深色过眼纹和髭纹，尾蓝灰色无横斑但末端具白色窄横带和黑色宽横带，上体红棕色略具黑色横斑，下体皮黄而具黑色纵纹。雌鸟上体全褐色，具带条纹的红棕色头顶和颈背，尾红色具较多深色窄横斑。幼鸟似雌鸟，但纵纹较浓密。虹膜褐色；嘴灰色而端黑色，蜡膜黄色；脚黄色。

生境与习性：栖息于林缘、林间空地、疏林、有疏林的旷野、河谷和农田地区等生境。常停栖在柱子、枯树或电线上。飞行快速、灵活而优雅，经常盘旋和定点振翅，俯冲捕捉地面的猎物。主要以蝗虫、蟋蟀等昆虫为食，也吃小型脊椎动物。常营巢于悬崖、山坡岩石裂缝、土洞，也借用喜鹊、乌鸦等鸟类在树上的旧巢。

地理分布：分布于非洲、古北界、印度、中国；越冬于菲律宾及其他东南亚国家。

种群状况：CITES 附录 II 物种。国家二级保护动物。

3.3.28 领鸺鹠
Glaucidium brodiei

鸮形目 STRIGIFORMES
鸱鸮科 Strigidae

识别特征： 全长约 16 cm。头大、无耳羽簇，尾显长、具狭窄横斑。上体红褐色或灰褐色，头顶具浅色细斑，面盘具白色短眉纹和显著领圈，头后具一对假眼；下体白色，胸、胁具宽阔的褐色纵纹。虹膜黄色；嘴浅黄绿色至角质色；脚黄绿色。

生境与习性： 栖息于山脚至高山的森林，偏好高大树木。多在日间及晨昏活动。性勇猛，可猎食几乎与其等大的猎物，主要以鼠类、小鸟及昆虫为食。营巢在天然洞穴，或强占拟啄木鸟或啄木鸟的巢繁殖。

地理分布： 分布于喜马拉雅山脉至中国南部、东南亚地区、苏门答腊岛及加里曼丹岛。

种群状况： 全年可见。CITES 附录 II 物种。国家二级保护动物。

3.3.29 黄嘴角鸮
Otus spilocephalus

鸮形目 STRIGIFORMES
鸱鸮科 Strigidae

识别特征： 体形较小，全长约 18 cm。耳羽簇较短，肩部有一排白斑。上体红棕色或深褐色，具细小的深色杂斑，肩部有白斑，浅褐色的脸盘具深棕色边缘，下体黄褐色具银色斑点和深褐色斑纹。眼黄色；嘴角质色至乳白色；趾灰色。

生境与习性： 栖息于山地常绿阔叶林或混交林中。夜行性，白天常栖居在树洞中。在森林中下层觅食大型昆虫和小型哺乳类动物。鸣声为轻柔、悠远的双音节金属哨声，每隔 5~10 s 鸣叫 1 次。

地理分布： 分布于喜马拉雅山脉、印度、中国、东南亚地区。

种群状况： 全年可见，是黑石顶自然保护区最常见的鸮类。CITES 附录 II 物种。国家二级保护动物。

3.3.30 领角鸮
Otus lettia

鸮形目 STRIGIFORMES
鸱鸮科 Strigidae

识别特征：体形略大，全长约 24 cm。具明显耳羽簇及特征性的浅沙色颈圈。上体偏灰色或沙褐色，具黑色及皮黄色蠹纹；下体浅褐色，具黑色纵纹。虹膜暗褐色；嘴角质色；脚污黄色。

生境与习性：夜行性鸟类，白天大都隐蔽在具浓密枝叶的树冠上，或其他阴暗的地方，一动不动，黄昏至黎明前较活跃。常鸣叫。主要以鼠类、小鸟、昆虫为食。

地理分布：分布于印度、中国、日本、大巽他群岛、菲律宾。

种群状况：黑石顶自然保护区内不常见。CITES 附录 II 物种。国家二级保护动物。

3.3.31 红角鸮
Otus sunia

鸮形目 STRIGIFORMES
鸱鸮科 Strigidae

识别特征：体小，约 19 cm。分灰色型及棕色型。肩羽大都有一条显眼白色带，下体满布黑色条纹。与领角鸮区别在于体小，眼为黄色且无浅色颈圈；与黄嘴角鸮的区别在于胸具黑色条纹，下体灰色重。虹膜黄色；嘴灰色；脚灰色。

生境与习性：夜行性，于林缘、林中空地及次生植丛的小矮树上捕食。飞行迅速有力。受惊时竖起角羽。

地理分布：繁殖于喜马拉雅山脉、印度次大陆、日本、中国、菲律宾。

种群状况：全年可见，但不常见。CITES 附录 II 物种。国家二级保护动物。

3.3.32 小白腰雨燕
Apus nipalensis

夜鹰目 CAPRIMULGIFORMES
雨燕科 Apodidae

识别特征： 全长约 15 cm。身体为偏黑色，仅喉及腰白色，飞行时翅形较为粗短，尾浅凹形，尾部开叉极浅。

生境与习性： 喜欢成群活动，在开阔地带和山林上空捕食，边飞行捕食边鸣叫，略显嘈杂。

地理分布： 在非洲、中东地区、东洋界之间迁徙。在中国南方地区为常见留鸟或夏候鸟。

种群状况： 黑石顶自然保护区偶尔可见。

3.3.33 普通翠鸟
Alcedo atthis

佛法僧目 CORACIIFORMES
翠鸟科 Alcedinidae

识别特征： 体小，全长约 15 cm。成鸟头、翼金属蓝绿色，头顶具亮蓝色鳞纹，橘黄色条带横贯眼部及耳羽，颈侧及颏白；背、腰及尾亮蓝色，翼上覆羽具亮蓝色斑点；下体及翼下橘红色。幼鸟色黯淡。

生境与习性： 单独或成对栖息于池塘、水库、湖泊、小溪等临水的岩石或探出的树枝上。一见有饵，迅速直扑入水中叼取。有时悬停于空中，俯头注视水中，然后猛冲捕食。飞行疾速而径直，常低掠水面而过，并发出尖锐的叫声。主要捕食小鱼，并兼食一些甲壳类和水生昆虫。营巢于田野堤基的砂土中，掘作隧道，通常距水较远。隧道深 60 cm 左右。

地理分布： 广泛分布于欧亚大陆、印度尼西亚至巴布亚新几内亚等地区。

种群状况： 见于黑石顶自然保护区库、塘、溪、河等湿地环境中。

3.3.34 蓝翡翠
Halcyon pileata

佛法僧目 CORACIIFORMES
翠鸟科 Alcedinidae

识别特征： 全长约 30 cm。头黑色，上体及尾深蓝色，颏、颈圈、胸部白色，腹部淡红棕色。飞行时可见大块白色翼斑。亚成鸟色暗淡。虹膜深褐色；嘴红色；脚红色。

生境与习性： 喜大河流两岸、河口及红树林。常停息在电线或电杆上。主要吃鱼，也吃蛙、蟹、昆虫等。巢营于水平的隧道洞穴中。

地理分布： 繁殖于中国及朝鲜半岛，南迁越冬远至印度尼西亚。

种群状况： 黑石顶自然保护区偶见零星个体。

3.3.35 冠鱼狗
Megaceryle lugubris

佛法僧目 CORACIIFORMES
翠鸟科 Alcedinidae

识别特征： 体形较大，全长约 41 cm。冠羽长而蓬松，头黑而下颊白，上体黑色并多具白色横斑和点斑，下体白色，黑色髭纹延至胸斑。飞行时，可见雌鸟翼下覆羽红棕色。虹膜褐色；嘴黑色；脚灰色。

生境与习性： 常见于流速快、多砾石的清澈河流及溪流。单独或成对活动，栖于大块岩石或低枝。常沿着溪河中央直飞，边飞边叫，飞行慢而有力且不盘飞。食物为鱼、虾等。巢常营在山区溪流、湖泊等的陡岸和悬崖上，有时也在堤坝和田坎上挖洞为巢。

地理分布： 分布于喜马拉雅山脉及印度北部山麓地带，中国南部及东部地区。

种群状况： 黑石顶自然保护区偶见零星个体。

3.3.36 蓝喉蜂虎
Merops viridis

佛法僧目 CORACIIFORMES
蜂虎科 Meropidae

识别特征： 体形中等，全长约28 cm。成鸟头顶及上背巧克力色，喉蓝色，过眼线黑色，翼蓝绿色，腰及长尾浅蓝色，下体浅绿色。幼鸟尾羽无延长，头及上背绿色。

生境与习性： 栖息于常绿阔叶林林缘，也见于有林的开阔村庄和沿海地区。喜群居，常在林缘空旷处或村庄附近上空飞捕昆虫，并不时发出上下喙碰击声。除觅食蜂类、白蚁类外，也吃其他昆虫。繁殖期群鸟聚于多沙地带，筑巢在沙质峭壁或地面洞穴。

地理分布： 分布于中国、大巽他群岛及菲律宾。

种群状况： 夏季黑石顶自然保护区有繁殖种群。国家二级保护动物。

3.3.37 三宝鸟
Eurystomus orientalis

佛法僧目 CORACIIFORMES
佛法僧科 Coraciidae

识别特征：全长约 30 cm，整体暗蓝绿色，头和尾近黑色，喉钴蓝色。飞行时，蓝紫色的飞羽上有浅蓝色翼斑非常醒目。虹膜褐色；成鸟嘴珊瑚红色，幼鸟嘴黑色；脚红色。

生境与习性：栖息于阔叶林或混交林林缘，尤其是农田或村庄附近。常单只笔直站立于显眼位置，如树顶、电线等，偶尔起飞追捕过往昆虫。飞行速度不甚快。不自营巢，卵常产于天然树洞、啄木鸟废弃的树洞或鹊类的巢中。

地理分布：广泛分布于菲律宾、印度尼西亚、巴布亚新几内亚、澳大利亚。

种群状况：春、夏季常见，黑石顶自然保护区有繁殖种群。

3.3.38 戴胜
Upupa epops

犀鸟目 BUCEROTIFORMES
戴胜科 Upupidae

识别特征：全长约 30 cm。头顶具丝状长冠羽，冠羽粉棕色，具黑色端斑；嘴长且下弯。头、上背、肩及下体粉棕色，两翼具黑白相间的条纹，尾黑色，具白色横斑。虹膜褐色；嘴黑色；脚铅黑色。

生境与习性：栖于山区或平原的开阔林地、林缘、河谷、耕地、果园等。平时羽冠低伏，惊恐或飞行降落时羽冠竖直。于地面用长嘴翻动杂草觅食昆虫。营巢于树洞或岩壁、堤岸、墙垣的洞、缝中，也见营巢于建筑物的缝隙中。

地理分布：分布于非洲、欧亚大陆、中南半岛、印度次大陆。

种群状况：春、秋迁徙季较常见，冬季偶见。

3.3.39 大拟啄木鸟
Psilopogon virens

䴕形目 PICIFORMES
拟啄木鸟科 Megalaimidae

识别特征：全长约 30 cm。头大，嘴强壮，嘴峰圆不隆起；鼻孔被鼻须掩盖。头深蓝色，闪金属光泽，上背棕色，双翼、腰及尾绿色。下体黄色而带深绿色纵纹，尾下覆羽亮红色。雌雄相似。亚成体颜色较暗。虹膜棕褐色；嘴浅黄色或褐色，嘴端黑色；脚灰色，对趾足。

生境与习性：栖于落叶或常绿林中，多停息在山顶的阔叶树上。飞行时如啄木鸟，升降幅度大。食昆虫、植物果实等。巢营于树洞中。

地理分布：分布于中国南部及中南半岛北部至喜马拉雅山脉地区。

种群状况：黑石顶自然保护区常见留鸟，种群数量较大。

3.3.40 黑眉拟啄木鸟
Psilopogon faber

䴕形目 PICIFORMES
拟啄木鸟科 Megalaimidae

识别特征：体形显著小于大拟啄木鸟，全长约 20 cm。头部色彩鲜艳，其余大部为绿。前额具非常狭窄的黑色，头顶前部浅黄色，后部深蓝色，眉黑色，颊部的天蓝色延至颈侧，喉黄色，眼先、枕部、颈侧具红点。幼鸟色彩较黯淡。虹膜褐色；嘴黑色，下嘴基灰白，嘴须明显，但鼻孔裸出；脚深灰色，对趾足。

生境与习性：丛林鸟类，典型的冠栖型。其连续而洪亮的"咯咯咯"的鸣叫声传播甚远。飞行距离短，不能持久。食物主要为野果，也吃少量昆虫。巢置于树洞内。

地理分布：中国特有种，分布于华南地区，近年陆续有井冈山、武夷山的分布报道。

种群状况：黑石顶自然保护区常见留鸟，种群数量较大。

3.3.41 斑姬啄木鸟
Picumnus innominatus

鴷形目 PICIFORMES
啄木鸟科 Picidae

识别特征： 体形较小，全长约 10 cm。雄鸟头顶至枕部栗红色，有白色长眉纹和深色贯眼纹，髭纹黑色，在贯眼纹和髭纹间形成白色颊纹；上体橄榄绿色，下体灰白色有鳞状斑；尾短，黑白相间。对趾足，脚黑灰色。

生境与习性： 栖息于山地灌丛、竹林或混交林间。形小而敏捷，常单个或成对与鹟莺、山雀等小鸟混群。多攀援于低矮的小树和灌丛的枝条上觅食。食物主要是蚁类及蚁卵等。巢营于树洞中。

地理分布： 分布于喜马拉雅山脉至中国南部、加里曼丹岛、苏门答腊岛。

种群状况： 黑石顶自然保护区常见留鸟，种群数量较大。

3.3.42 白眉棕啄木鸟
Sasia ochracea

鴷形目 PICIFORMES
啄木鸟科 Picidae

识别特征： 全长约 9 cm。整体色调为黄棕色，雄鸟额黄色，雌鸟额棕色，顶和两翼为橄榄绿色，眼后有粗短的白色眉纹，尾短而黑，体羽其余部位皆为棕色。仅具三趾。

生境与习性： 栖息于南亚热带常绿林和次生山林中。

地理分布： 分布于喜马拉雅山区和我国西南地区，2013 年 5 月在黑石顶自然保护区首次发现，为广东省新记录。

种群状况： 黑石顶自然保护区内多个地点有稳定种群。

3.3.43 黄嘴栗啄木鸟
Blythipicus pyrrhotis

鴷形目 PICIFORMES
啄木鸟科 Picidae

识别特征： 全长约30 cm。头浅褐色，嘴长直，黄色；体羽红棕色具浓重的暗色横斑。雄鸟颈侧及枕部具绯红色块斑，雌鸟无此斑。虹膜红褐色；嘴淡绿黄色；脚褐黑色。

生境与习性： 栖息于阔叶乔木林中，常单只或成对活动。叫声频繁而嘈杂。食物为蠕虫。巢营于离地面较高的树洞中。

地理分布： 中国分布于长江以南广大地区。国外分布于东南亚至尼泊尔。

种群状况： 黑石顶自然保护区常见留鸟，种群数量较大。

3.3.44 栗啄木鸟
Micropternus brachyurus

鴷形目 PICIFORMES
啄木鸟科 Picidae

识别特征： 全长约23 cm。华南大陆种群头棕黄色，颈部栗红色，翕部（躯背和两翼）棕色，略带红色，具较宽的黑色横斑，雄鸟眼下和眼后部位具一红色纵斑，雌鸟无此斑。虹膜褐色；嘴铅灰色，略沾绿色，鼻孔裸露；脚褐黑色，对趾足。

生境与习性： 嗜食蚁类，栖息于乔木林或竹林中，常单只或成对活动于蚁窝附近。叫声短而急促。有錾击声。巢营于树洞中。

地理分布： 中国分布于长江以南广大地区。国外分布于东南亚至南亚部分国家。

种群状况： 黑石顶自然保护区不常见留鸟。

3.3.45 仙八色鸫
Pitta nympha

雀形目 PASSERIFORMES
八色鸫科 Pittidae

识别特征： 全长约 20 cm。尾短，腿长，头部有黑色顶冠纹、棕栗色侧冠纹、乳白色眉纹和宽阔的黑色贯眼纹；上体蓝绿色，翼及腰部有亮蓝色耀斑；下体米色，两胁色淡，臀部鲜红色。

生境与习性： 喜低地灌木丛及次生林。性机警而胆怯、善跳跃。常见单只在林下地面落叶层觅食，也飞落在乔木树上停歇。飞行直而低，速度较慢。主要以昆虫为食，也吃蚯蚓等其他无脊椎动物，有迁徙性。

地理分布： 繁殖于日本、朝鲜半岛、中国东部和东南部；越冬在加里曼丹岛。

种群状况： 迁徙时偶见。IUCN RL 和《中国生物多样性红色名录》均为易危（VU）物种。CITES 附录 II 物种。国家二级保护动物。

3.3.46 烟腹毛脚燕
Delichon dasypus

雀形目 PASSERIFORMES
燕科 Hirundinidae

识别特征： 体小而矮壮，全长约 13 cm。腰白色，尾叉较浅。上体暗深辉蓝色，下体灰白色，雄性下体较雌性白。飞行时，翼下覆羽黑色。嘴黑色；脚粉红色，被白色羽至趾。

生境与习性： 栖息于多悬崖的山区或海岸。常集大群，也与其他燕或雨燕混群。比其他燕更喜留在空中，多见其于高空翱翔。飞行时发出兴奋的嘶嘶叫声。营巢于屋檐下、悬崖上、桥梁下或隧道中，巢呈半球状，入口狭窄。

地理分布： 繁殖于喜马拉雅山脉至日本；越冬南迁至东南亚地区。

种群状况： 黑石顶自然保护区夏季及迁徙季常见。

3.3.47 家燕
Hirundo rustica

雀形目 PASSERIFORMES
燕科 Hirundinidae

识别特征：全长约 20 cm，包括尾羽延长部分。上体蓝黑色具辉光，前额和喉暗红，具黑色胸带，下体白色。外侧尾羽羽轴延长，雌鸟尾羽的延长部分通常比雄鸟短。亚成鸟色淡，尾羽无延长。

生境与习性：常在空中滑翔及盘旋，捕食昆虫，亦会贴近水面或地面飞行。衔泥筑巢，常将巢做在屋檐或桥梁下方。

地理分布：在北半球繁殖，至南半球越冬。中国各地均有分布，在黑石顶自然保护区为夏候鸟或过境鸟。

种群状况：黑石顶自然保护区附近村落农田常见。

3.3.48 金腰燕
Hirundo daurica

雀形目 PASSERIFORMES
燕科 Hirundinidae

识别特征：体长约 18 cm。成鸟上体深钢蓝色，下体偏白色而多具黑色细纹，耳羽、枕侧、腰及臀部红棕色，尾羽深分叉。幼鸟上体较暗淡，翼覆羽及三级飞羽具浅色羽端，下体纵纹较弱，尾羽无延长。虹膜黑色；嘴及脚黑色。

生境与习性：常栖于山间村镇附近的树枝或电线上。全天大部分时间在田野飞行，张口捕食飞虫。有时与家燕混群飞行。性喜结群，平日结小群，秋末南迁时常结成数百只的大群。每年常繁殖 2 次。巢营于住户横梁上、屋檐下。

地理分布：繁殖于欧亚大陆及印度的部分地区；冬季迁至非洲、印度南部及东南亚地区。

种群状况：黑石顶自然保护区附近村落农田常见。

3.3.49 白鹡鸰
Motacilla alba

雀形目 PASSERIFORMES
鹡鸰科 Motacillidae

识别特征： 全长约 20 cm，*leucopsis* 亚种雌雄均无过眼纹。雄鸟头顶中部至腰黑色，前额、脸及颏部白色，黑色胸斑不与黑色颈背相连；下体白色。雌鸟上体较灰，黑色胸斑较小。第一年冬羽前额至腰灰色或石板色，深色胸斑为新月形。虹膜黑色；嘴及脚黑色。

生境与习性： 出现在河岸、农田至海岸的各种生境。多单独或 3~5 只结群活动，在地面或水边奔驰觅食，尾上下摆动不已，有时在空中捕食昆虫。飞行呈波浪式。受惊扰时骤降并发出尖锐示警叫声。几乎纯食昆虫。筑巢在洞穴、石缝、河边土穴及灌丛中，有时筑巢在居民点屋顶、墙洞等处。

地理分布： 分布于中国、朝鲜半岛、日本、印度和大洋洲。在中国长江以南地区为留鸟。

种群状况： 留鸟，种群数量大。

3.3.50 灰鹡鸰
Motacilla cinerea

雀形目 PASSERIFORMES
鹡鸰科 Motacillidae

识别特征： 中等体形，全长约 19 cm。上体深灰色，具狭长的白色眉纹，翼黑色，腰黄色。非繁殖期成鸟喉部白色，雌鸟较雄鸟色浅，且胸部更多浅黄色。繁殖期雄鸟喉部黑色，与白色髭纹相接，胸至臀部明黄色。繁殖期雌鸟颏及喉白色，杂些许黑色，下体黄色较浅。幼鸟似雌鸟但上体偏橄榄色，腰部黄色较浅。

生境与习性： 栖息于溪流、河谷、湖泊、水塘、沼泽等水域岸边或附近的草地、农田及林区居民点。常单独或成对活动。多在水边行走或跑步捕食，尾羽上下弹动，有时也在空中捕食。主要以昆虫为食，也吃小型无脊椎动物。

地理分布： 繁殖于欧洲至西伯利亚、阿拉斯加；南迁至非洲、印度、东南亚、菲律宾、印度尼西亚至巴布亚新几内亚地区及澳大利亚。

种群状况： 夏季较少见，其余季节均常见。

3.3.51 理氏鹨
Anthus richardi

雀形目 PASSERIFORMES
鹡鸰科 Motacillidae

识别特征：与其他鹨类相比，该鸟体形较大，全长约18 cm，腿较长，站姿直挺。成鸟上体褐色具深色宽纵纹，眉纹、眼先、颊、喉浅皮黄色，双翼深色具皮黄色羽缘；下体偏白色，上胸染黄褐色，具深色细纵纹。

生境与习性：喜开阔沿海或山区草甸、火烧过的草地及干稻田。单独或成小群活动。站于地面时姿势甚直。飞行时呈波状，每次跌飞均发出叫声。以昆虫为食，偶尔也吃植物性食物。

地理分布：分布于中亚地区、印度、中国、蒙古国、西伯利亚、马来半岛、苏门答腊岛。

种群状况：冬候鸟，常见。

3.3.52 树鹨
Anthus hodgsoni

雀形目 PASSERIFORMES
鹡鸰科 Motacillidae

识别特征：全长约15 cm。上体橄榄绿色，具显著的浅黄色眉纹，其上缘镶一条黑色细纹，颊深色，后缘上方有一白点。上体无纵纹或仅有少量纵纹。颏及喉皮黄色，黑色细髭纹汇入胸部浓密的深色纵纹，两胁亦具较多纵纹。下体色浅。

生境与习性：见于杂木林、针叶林、阔叶林、灌木丛中及其附近的草地上，也常见于居民点、田野等地。多在地上觅食。繁殖期常成对活动，迁徙和越冬时多结小群。受惊时立刻飞到附近树上，停栖时尾常上下摆动。主要以昆虫及其幼虫为食，冬季兼食一些植物性食物。巢营在林间空地或林缘。

地理分布：繁殖于喜马拉雅山脉及东亚地区；冬季迁至印度、菲律宾、加里曼丹岛。

种群状况：冬候鸟，常见。

3.3.53 黄腹鹨
Anthus rubescens

雀形目 PASSERIFORMES
鹡鸰科 Motacillidae

识别特征： 全长约 15 cm。上体暗褐色仅具模糊纵纹，下体皮黄色，胸及两胁或多或少具纵纹，颈侧具近三角形的黑色斑块。繁殖期成鸟眉纹、眼先、下体略带橘黄色，胸部纵纹较浅。非繁殖期成鸟下体偏白，胸胁纵纹浓密。其余多数鹨上体和下体都具显著纵纹。虹膜深褐色；嘴深褐色，下嘴基黄褐色；脚粉色至褐色。

生境与习性： 迁徙鸟类。冬季栖息于沿溪流的湿润多草地区、稻田、湿地和林缘。多成松散小群在地面活动，行走轻快。性羞怯，不易靠近。

地理分布： 繁殖于古北界西部、东北亚及北美洲，越冬南迁。

种群状况： 过境鸟，罕见。

3.3.54 小灰山椒鸟
Pericrocotus cantonensis

雀形目 PASSERIFORMES
山椒鸟科 Campephagidae

识别特征： 全长约 18 cm。黑白两色，雄鸟前额白色（嘴上方羽毛多为白色），白斑延至眼后；黑色过眼纹汇入灰色头顶后部及枕部，白色的脸颊后缘不规则；两翼黑色，大覆羽及三级飞羽有浅色边缘；腰浅棕色，胸、胁暗棕色，黑色的尾具污白色的外侧尾羽。雌鸟较雄鸟更显褐色，前额白斑和浅黄色翼斑有时不显。嘴黑色；脚黑色。

生境与习性： 多栖息于常绿阔叶林、落叶阔叶林和针叶林。冬季有时会形成较大群。飞行呈波状前进，常边飞边叫。觅食于乔木的中上层。杂食性，以昆虫为主要食物。常营巢于松树或其他高大乔木上。

地理分布： 繁殖于中国华中、华南、华东地区；于东南亚越冬。

种群状况： 过境鸟，偶见。

3.3.55 赤红山椒鸟
Pericrocotus speciosus

雀形目 PASSERIFORMES
山椒鸟科 Campephagidae

识别特征：全长约 19 cm。雄鸟胸、腹、腰、外侧尾羽及翼上斑纹红色；余部蓝黑色。雌鸟背部多灰色，前额黄色，喉黄色，眼先黑色，耳羽灰色，余部黄色替代雄鸟的红色。嘴及脚黑色。

生境与习性：栖于中低海拔的山地和平原的雨林、季雨林、次生阔叶林，也见于松林、稀树草地或开垦的耕地。结群活动或与其他鸟混群，繁殖季节成对活动。常结集于乔木冠部觅食。主食昆虫。

地理分布：分布于印度、中国、菲律宾、大巽他群岛。

种群状况：黑石顶自然保护区留鸟，常见于低海拔村落与耕作区，常与灰喉山椒鸟混群。

3.3.56 灰喉山椒鸟
Pericrocotus solaris

雀形目 PASSERIFORMES
山椒鸟科 Campephagidae

识别特征：体形显著小于赤红山椒鸟，全长约 17 cm。雌雄均有深灰色的头和上背，浅灰色的颏和喉，灰黑色的翼及尾。雄鸟下背至腰、外侧尾羽及下体亮橘红色，翼黑色具"フ"形红色翼斑。雌鸟似雄鸟但红色部位为黄色，上背至腰橄榄灰色。嘴及脚黑色。

生境与习性：栖息于平原和山区杂木林、阔叶林、针叶林以及茶园间。一般结小群活动，有时也集大群。繁殖季节成对。飞行时躯体与双翅相衬呈"十"字形，边飞边叫。几乎完全以昆虫为食。

地理分布：分布于喜马拉雅山脉、中国、东南亚地区。

种群状况：黑石顶自然保护区留鸟，常见于低海拔村落与耕作区，常与赤红山椒鸟混群。

3.3.57 红耳鹎
Pycnonotus jocosus

雀形目 PASSERIFORMES
鹎科 Pycnonotidae

识别特征： 全长 17~21 cm。额至头顶黑色，头顶有耸立的黑色羽冠，眼下后方有一鲜红色斑，其下方又有一白斑，白斑下缘镶以黑色颧纹，甚为醒目。上体灰褐色。尾黑褐色，外侧尾羽具白色端斑。下体白色，尾下覆羽红色。胸侧有黑褐色横带。嘴、脚均黑色。

生境与习性： 栖息于树林、灌丛、草地、果园、村庄、城市公园等。营巢于灌木、乔木以及竹丛枝杈间，雏鸟晚成性，双亲共同孵卵。杂食性，以植物性食物为主。

地理分布： 中国分布于西藏、云南、贵州、广西、广东、香港。国外分布于尼泊尔、不丹、孟加拉国、印度、缅甸、泰国、越南、老挝等地。

种群状况： 黑石顶自然保护区留鸟，常见于低海拔次生林、人工林、村落与耕作区。

3.3.58 白头鹎
Pycnonotus sinensis

雀形目 PASSERIFORMES
鹎科 Pycnonotidae

识别特征： 全长 17~22 cm。额至头顶黑色，两眼上方至后枕白色，形成一白色枕环。耳羽后部有一白斑。上体灰褐或橄榄灰色，具黄绿色羽缘。颏、喉白色，胸灰褐色，形成不明显的宽阔胸带。腹白色。亚成鸟整体灰色，仅头部橄榄色，且没有成鸟标志性的白头。

生境与习性： 营巢于灌木或乔木上，杂食性，雏鸟晚成性，双亲共同孵卵。以昆虫为食，也食植物果实、种子、浆果，多在灌木和小树上活动。主要为留鸟，一般不迁徙。

地理分布： 中国分布于四川、云南；北达陕西、河南，并扩散至辽宁；东至沿海一带（包括海南、台湾）；南及广西等地。国外分布于日本、朝鲜、韩国、老挝、泰国、越南。

种群状况： 黑石顶自然保护区留鸟，常见于低海拔次生林、人工林、村落与耕作区。

3.3.59 白喉红臀鹎
Pycnonotus aurigaster

雀形目 PASSERIFORMES
鹎科 Pycnonotidae

识别特征：全长 18~23 cm。头顶黑色，有不显著的羽冠，上体和两翼灰褐色，腰苍白色，尾羽黑色，末端白色；颏黑色而喉白色，下体污白色，尾下覆羽红色。

生境与习性：栖息于低海拔山区、丘陵和平原地带的次生林、竹林和灌丛等生境。

地理分布：中国见于东南、华南、西南地区。国外见于东洋界。

种群状况：黑石顶自然保护区留鸟，常见于低海拔村落与耕作区。

3.3.60 栗背短脚鹎
Hemixos castanonotus

雀形目 PASSERIFORMES
鹎科 Pycnonotidae

识别特征：全长约 21 cm。头顶黑色而略具羽冠，前额、眼先、颊部及枕部栗红色。翼深褐色，覆羽、二级及三级飞羽具浅色羽缘。尾深灰褐色，具略方的黑色端。颏、喉白，胸及两胁浅灰，腹部至尾下覆羽白。虹膜红棕色；嘴黑色；脚深褐色至黑色。

生境与习性：栖于中低山的常绿阔叶林、次生林及林缘，也见于山村附近路边树丛中。多成小群在树上觅食，或活动于灌丛间。时常发出响亮的银铃般叫声，远处可闻。杂食性，以植物为主，亦吃昆虫等动物性食物。营杯状巢于小树或灌木枝杈上。

地理分布：中国南方。国外常见于越南西北部。

种群状况：黑石顶自然保护区留鸟，种群数量较大，常见种。

3.3.61 绿翅短脚鹎
Ixos mcclellandii

雀形目 PASSERIFORMES
鹎科 Pycnonotidae

识别特征：全长约 24 cm。成鸟头红褐色，具蓬松羽冠，夹白色细纹；喉灰白具纵纹；背部灰色，翼及尾橄榄绿色；上胸及颈背棕褐色，腹及两胁染灰色，臀部浅黄。幼鸟羽冠较短，头顶及胸部的纵纹较弱。虹膜红褐色；嘴近黑；脚粉褐色。

生境与习性：栖息于中低山的阔叶林、混交林或针叶林，也见于溪流河畔或村寨附近的竹林、杂木林。成对或集群活动。性嘈杂，大胆围攻猛禽及杜鹃类。杂食性，以植物性食物为主，多食果实，兼食昆虫。营巢于乔木树侧枝上或林下灌木和小树上。巢呈杯状、甚小，与体形颇不相称。

地理分布：分布于喜马拉雅山脉至中国南方地区、缅甸、印度。

种群状况：黑石顶自然保护区留鸟，种群数量较小，不甚常见。

3.3.62 黑短脚鹎
Hypsipetes leucocephalus

雀形目 PASSERIFORMES
鹎科 Pycnonotidae

识别特征：全长约 20 cm。略具松散的羽冠。通体黑色，或仅头颈部白色、余部黑色，也有两种色型的中间过渡型。幼鸟偏灰，羽冠较平。虹膜褐色；嘴及脚红色。

生境与习性：栖息于中低山的常绿阔叶林、落叶阔叶林，也见于平原、河谷地带、公园等。随着季节变化而发生垂直迁移活动。杂食性，冬季以植物性食物为主，夏季多食花蜜和昆虫。营巢于山地森林中乔木的水平横枝或树叉处。

地理分布：中国分布于南方地区（包括台湾、海南）。国外分布于缅甸、印度。

种群状况：黑石顶自然保护区留鸟，冬季常集聚为大群，甚常见。

3.3.63 橙腹叶鹎
Chloropsis hardwickii

雀形目 PASSERIFORMES
叶鹎科 Chloropseidae

识别特征：全长 18~20 cm。雄鸟上体绿色，额和头顶两侧呈橘黄色，小覆羽亮蓝色，其他覆羽和外侧飞羽为紫黑色；喉部两侧具有宽阔的蓝色髭纹；喉部和上胸部为黑色，腹部为橘黄色，两胁淡绿色，两翼及尾均为蓝色。雌鸟上体整体为绿色，具蓝色髭纹，两翅外侧和外侧尾羽为蓝色，中国华南、华东地区种群下体绿色。

生境与习性：栖息于热带和亚热带阔叶林、沟谷林、针阔混交林和次生林中。杂食性，以动物性食物为主，也取食植物的果实、种子、花蜜。常成对活动，有时集群或单独活动。栖于森林各层。

地理分布：主要分布于喜马拉雅山脉、东南亚地区、中国南方地区。是叶鹎科在中国分布广泛的一种。

种群状况：黑石顶自然保护区留鸟，常见但种群数量不大。

3.3.64 红尾伯劳
Lanius cristatus

雀形目 PASSERIFORMES
伯劳科 Laniidae

识别特征：全长约 20 cm。上体棕褐色或灰褐色，下体皮黄色；成鸟前额灰色，具黑色眼罩和细白色眉纹，颏、喉白色；两翼黑褐色，具浅色羽缘。雌鸟脸部图案较雄鸟暗淡，下体具鳞状细纹。幼鸟似雌鸟，但背及体侧具更多深褐色鳞状细纹。虹膜暗褐色；嘴黑色；脚铅灰色。

生境与习性：栖息于平原、丘陵和低山区的灌丛、林缘、公园、农田等地，喜开阔地带。单独或成对活动，常在树枝、电线等处停栖。主要以昆虫为食，也食蜥蜴。常将猎物穿挂于树上的尖枝杈上，然后撕食其内脏和肌肉等柔软部分，剩余部分留在树上。

地理分布：繁殖于东亚地区；冬季南迁至印度、菲律宾、大巽他群岛、苏拉威西岛、马鲁古群岛及巴布亚新几内亚。

种群状况：黑石顶自然保护区过境鸟，春、秋季常见，但种群数量不大。

3.3.65 棕背伯劳
Lanius schach

雀形目 PASSERIFORMES
伯劳科 Laniidae

识别特征：全长约 25 cm。成鸟头顶及颈背深灰色，具黑色眼罩，前额至少有狭窄的黑色，背、腰及体侧红褐色，翼及尾黑色，翼上具一白斑，颏、喉、胸及腹中心部位白色。幼鸟色较暗，两胁及背具横斑，头及颈背灰色较重。嘴及脚黑色。有时可见黑化型个体。

生境与习性：喜草地、灌丛、茶林、及其他开阔地。立于树枝顶端或电线上，俯视四周，伺机捕食。性凶猛。主要以昆虫为食，也捕食蛙、小型鸟类以及鼠类。由于翅较短，尾较长，飞行速度较慢，常通过模仿其他小鸟的叫声实施诱捕。营巢于树上或高灌木的枝杈基部。

地理分布：分布于伊朗、中国、印度、菲律宾、大巽他群岛、巴布亚新几内亚。

种群状况：黑石顶自然保护区留鸟，常见种，种群数量中等。

3.3.66 黑卷尾
Dicrurus macrocercus

雀形目 PASSERIFORMES
卷尾科 Dicruridae

识别特征：全长约 28 cm，雌雄同色，通体黑色而泛蓝色光泽，尾羽较长且尖端分叉明显，最外侧位于端部稍稍向上卷曲。亚成鸟似成鸟，但下体自胸以下有白色羽缘，向后越加明显。

生境与习性：栖息于低山丘陵及农田、村寨附近，常立于开阔地中的树枝、电线之上，于空中捕食昆虫，繁殖期喜鸣唱，鸣唱声响亮而多变，急速且连续不断。生性好斗，常可见其与其他鸟类飞行打斗。

地理分布：分布于西亚地区、中国、东南亚地区。留鸟种群见于中国云南、广西、广东、香港、台湾、海南等地。

种群状况：黑石顶自然保护区有留鸟和夏候鸟种群，夏季种群数量明显增多，常见于村落、农田和林缘地带。

3.3.67 八哥
Acridotheres cristatellus

雀形目 PASSERIFORMES
椋鸟科 Sturnidae

识别特征： 全长约 26 cm。体形短粗，通体黑色，嘴基部簇羽突出。初级飞羽基部白色，形成明显的块状翼斑，飞行时甚明显。尾端有狭窄的白色，尾下覆羽具黑白色横纹。虹膜橘黄色；嘴浅黄色，嘴基红色；脚暗黄色。

生境与习性： 活动于近山矮林、路旁、村庄和农作区，也见于苗圃、公园等生境。性活泼，成群活动，不惧人。常在耕牛后啄食犁锄翻出的蚯蚓、昆虫和植物块茎等，或在牛背上啄食体外寄生虫。营巢于树洞中或建筑物洞穴内。

地理分布： 分布于中国、中南半岛。

种群状况： 黑石顶自然保护区留鸟，种群数量大。

3.3.68 红嘴蓝鹊
Urocissa erythrorhyncha

雀形目 PASSERIFORMES
鸦科 Corvidae

识别特征： 全长约 68 cm。头顶白色，头至上胸黑色，上背及两翼蓝灰色，腹部及臀白色；尾甚长，楔形，中央尾羽蓝色具白端斑，外侧尾羽具白色端斑和黑色次端斑。鼻孔圆形，为鼻须所覆盖；嘴鲜红色，嘴缘光滑，无缺刻；虹膜红色；脚鲜红色。

生境与习性： 栖息于山区各种类型的森林，也见于竹林、林缘和村旁。常成对或集小群活动，性活泼而嘈杂。在树间转移时常由一只带头，其余陆续飞去。飞行时多滑翔，两翅平伸，尾羽展开。较凶猛，主动围攻猛禽。杂食性。营巢于树木侧枝或高大的竹林。

地理分布： 分布于喜马拉雅山脉、印度东北部、中国、缅甸等。

种群状况： 黑石顶自然保护区留鸟，种群数量较大。

3.3.69 灰树鹊
Dendrocitta formosae

雀形目 PASSERIFORMES
鸦科 Corvidae

识别特征： 全长约 36 cm。前额、眼先黑色，眼后浅褐色，后枕青灰色。颈侧、上背灰褐色，两翼黑色具白色斑块（飞行时较明显），腰灰白色，尾黑色。胸染棕色，腹部灰色，臀棕黄色。虹膜红褐色；鼻孔圆形，为鼻须所覆盖；嘴灰黑色，嘴缘光滑，几乎无缺刻；脚深灰色至黑色。

生境与习性： 栖息于阔叶林、针阔混交林中，也见于天然林、人工林和城市公园。多成对或集小群活动于乔木的中上层。性怯懦而吵闹。杂食性，常以植物果实与种子为食，也吃昆虫等动物性食物。

地理分布： 分布于喜马拉雅山脉、印度、缅甸、泰国、中国。

种群状况： 黑石顶自然保护区留鸟，种群数量较大。

3.3.70 喜鹊
Pica serica

雀形目 PASSERIFORMES
鸦科 Corvidae

识别特征： 全长约 45 cm。头、颈、胸、上体及臀部黑色，肩部、下腹及两胁白色，双翼及尾黑色具蓝绿色金属光泽。飞行时，初级飞羽大体白色，背部具"V"形白斑。鼻孔圆形，为鼻须所覆盖；嘴黑色，嘴缘光滑，无缺刻；脚黑色。

生境与习性： 栖息于山麓、林缘、农田、村庄、城市公园等人类居住区附近。除繁殖期成对活动外，常结 3～5 只小群活动。性机警，觅食时总有一鸟负责警卫。飞行能力弱，飞行时尾羽扩展、双翅缓慢鼓动，呈波浪式前进。在地上活动时为跳跃式。杂食性。营巢于高大乔木上，有时也营巢于高压电柱上。

地理分布： 广泛分布于东部季风区。

种群状况： 留鸟，黑石顶自然保护区周边区域常见，但种群数量不大。

3.3.71 大嘴乌鸦
Corvus macrorhynchos

雀形目 PASSERIFORMES
鸦科 Corvidae

识别特征： 全长约 50 cm。全身黑色具蓝色光泽，嘴甚粗厚，前额隆起。虹膜褐色；鼻孔圆形，为鼻须所覆盖；嘴黑色，嘴缘光滑，无缺刻；脚黑色。

生境与习性： 栖息于各种森林类型中，尤以疏林和林缘地带较常见。喜在河谷、农田、村庄、沼泽和草地上活动。多成群活动，性机警、好斗。杂食性。

地理分布： 分布于伊朗、中国、菲律宾、苏拉威西岛、马来半岛、大巽他群岛。

种群状况： 黑石顶自然保护区留鸟，常见但种群数量不大，近年种群数量增大趋势显著。

3.3.72 橙头地鸫
Geokichla citrina

雀形目 PASSERIFORMES
鸫科 Turdidae

识别特征： 全长约 22 cm。雄鸟头、颈背、胸及上腹橘黄色，脸颊具两道褐色纵纹；背部及尾蓝灰色，翼角具白色横纹；下腹及尾下覆羽白色。雌鸟似雄鸟，但颜色较暗淡。虹膜棕褐色；嘴灰黑色；脚橘黄色至黄褐色。

生境与习性： 常栖息于低山丘陵和山脚地带的山地森林中。单独或成对活动。地栖性，性羞怯，常躲藏在林下茂密的灌丛中。杂食性，食物以昆虫为主。多在地面活动觅食，有时也在树上吃果实。

地理分布： 分布于巴基斯坦、中国、东南亚地区。

种群状况： 黑石顶自然保护区留鸟，也有过境和越冬种群。红外相机显示该鸟在黑石顶自然保护区有较稳定的繁殖种群，春、秋季数量显著增多。

3.3.73 虎斑地鸫
Zoothera aurea

雀形目 PASSERIFORMES
鸫科 Turdidae

识别特征：全长约 28 cm。周身布满金褐色和黑色的鳞状斑纹，外侧尾羽黑色但末端白色。飞行时可见翼下的黑、白横带。虹膜褐色；嘴深褐色，下嘴基部较浅；脚带粉色。

生境与习性：地栖性，常见单独或成对活动，多在林下灌丛中或地面觅食。主要以昆虫等动物为食，兼食植物果实、种子等。

地理分布：繁殖于西伯利亚东南部、远东、东亚北部和中国东北地区。迁徙经中国东北、华北地区，在中国华东、华中、华南地区至中南半岛越冬。

种群状况：在黑石顶自然保护区越冬，冬季常见。

3.3.74 灰背鸫
Turdus hortulorum

雀形目 PASSERIFORMES
鸫科 Turdidae

识别特征：全长约 22 cm。雌雄的两胁及翼下覆羽均为橙色。雄鸟上体全灰色，喉灰色或偏白色，胸灰色，腹中心及尾下覆羽白色。雌鸟上体褐色较重，颏喉偏白色，胸皮黄色具黑色点斑。虹膜黑褐色；嘴黄色；脚肉色至粉褐色。

生境与习性：常栖息于低山丘陵和平原的茂密森林中，单独或成对活动。迁徙季节多集几只到十几只的小群。地栖性，常在林下地面跳跃行走觅食。杂食性，主要在地面啄食植物果实，以及昆虫、蚯蚓等。

地理分布：繁殖于西伯利亚东部、中国东北地区，越冬至中国南方地区。

种群状况：在黑石顶自然保护区越冬，冬季常见。

3.3.75 乌灰鸫
Turdus cardis

雀形目 PASSERIFORMES
鸫科 Turdidae

识别特征：全长约 21 cm。雄鸟上体灰黑色，头及胸部黑色，下体其余部位白色，腹部及两胁有黑色点斑。雌鸟上体灰褐色，下体白色，胸侧及两胁赤褐色，胸及两侧具黑色点斑。

生境与习性：地栖性，常见于林地、林缘灌丛、村寨和农田附近的小林内。

地理分布：繁殖于日本、中国，越冬于中国、中南半岛北部。

种群状况：黑石顶自然保护区有越冬种群，较常见。

3.3.76 白眉鸫
Turdus obscurus

雀形目 PASSERIFORMES
鸫科 Turdidae

识别特征：全长约 23 cm。雌雄都有显著的白色眉纹、黑色眼先和眼下白斑。繁殖期雄鸟头部灰黑色，上体褐色，胸及两胁栗色，腹中部及尾下覆羽白色。雌鸟颜色较暗，头橄榄褐色，喉部白色，具褐色纵纹。嘴端黑色，下嘴基部黄色；脚偏黄色至深肉棕色。

生境与习性：主要栖息于林地、农田、果园和公园中，主要在地面觅食，也在树上取食。

地理分布：繁殖于古北界中部及东部；冬季迁徙至印度东北部、菲律宾、苏拉威西岛、大巽他群岛。

种群状况：黑石顶自然保护区有过境种群，春、秋季较常见。

3.3.77 白腹鸫
Turdus pallidus

雀形目 PASSERIFORMES
鸫科 Turdidae

识别特征： 全长约 24 cm。雄鸟头及喉灰褐色，上体至尾上覆羽深橄榄褐色，胸和两胁染浅棕色，下腹至尾下覆羽白色。雌鸟头褐色，喉偏白色而略具细纹。上嘴黑灰色，下嘴黄色；脚红棕色。

生境与习性： 多在林下层和地面活动觅食，以昆虫为食，也吃植物果实和种子。

地理分布： 繁殖于东北亚；冬季南迁至东南亚，中国广东也有少量过冬种群。

种群状况： 黑石顶自然保护区有过境种群，不常见。

3.3.78 斑鸫
Turdus eunomus

雀形目 PASSERIFORMES
鸫科 Turdidae

识别特征： 全长约 24 cm。雄鸟额、头顶至后颈黑色，眉纹白色，耳羽黑色，喉白色；上背和两肩深褐色，具不明显棕色羽缘，而呈现出不明显的黑色点斑；腰及尾上覆羽棕色，尾羽黑褐色，基部羽缘缀有棕栗色；飞羽黑褐色，除第一枚初级飞羽外，均有棕栗色羽缘而成棕栗色翼斑；翼下红棕色；胸和两胁黑色或黑褐色，具白色羽缘，而使胸和两胁具白色鳞状斑纹（亦描述为具黑色点斑，在胸部和两胁形成黑带）。

生境与习性： 常出现在林地、农田、果园等生境。

地理分布： 繁殖于东北亚，迁徙至喜马拉雅山脉、中国。

种群状况： 黑石顶自然保护区偶见越冬个体。

3.3.79 白尾蓝地鸲
Myiomela leucura

雀形目 PASSERIFORMES
鹟科 Muscicapidae

识别特征：全长约 18 cm。雄鸟通体黑蓝色，前额钴蓝色，喉及胸深蓝色，颈侧及胸部有白色点斑，常隐而不露。雌鸟褐色，眼周皮黄色，腹中部浅灰白色。雌雄鸟尾近黑色，除中央一对尾羽和最外侧一对尾羽基部无白斑外，其余尾羽基部均具白斑。亚成鸟似雌鸟但多具棕色纵纹。嘴黑色；脚黑色。

生境与习性：自然栖息地为亚热带或热带湿润低地森林和亚热带或热带湿润山地森林。单独或成对活动，地栖性，多隐藏于林下灌丛中，于低枝上跳来跳去。

地理分布：留鸟。中国见于广东、广西、云南。国外见于中南半岛至尼泊尔地区。

种群状况：比较隐蔽，不常见。

3.3.80 蓝歌鸲
Larvivora cyane

雀形目 PASSERIFORMES
鹟科 Muscicapidae

识别特征：全长约 14 cm。雄鸟上体青石蓝色，黑色过眼纹较宽，延至颈侧和胸侧，颏、喉及下体白色。雌鸟上体橄榄褐，喉及胸褐色并具皮黄色鳞状斑纹，腰及尾上覆羽沾蓝色。嘴黑色；脚粉色。

生境与习性：地栖性，多单独活动于林下灌丛中。站姿较平，驰走时尾常上下扭动。

地理分布：繁殖于东北亚，冬季迁至中国、印度、东南亚地区。

种群状况：春、秋季常见。

3.3.81 红胁蓝尾鸲
Tarsiger cyanurus

雀形目 PASSERIFORMES
鹟科 Muscicapidae

识别特征：全长约 15 cm。雄鸟上体蓝色，眉纹白色，模糊或略清晰；雌雄都有橘黄色两胁，腹及臀部白色。幼鸟及雌鸟褐色，尾蓝色。嘴黑色；脚灰色。

生境与习性：多单独或成对活动于丘陵和平原开阔林地或园圃中。停歇时尾常上下摆动。以昆虫为主食，兼吃蜘蛛、植物果实和草籽等。

地理分布：繁殖于亚洲东北部及喜马拉雅山脉，冬季迁至中国南方和东南亚地区。

种群状况：春、秋、冬季常见。

3.3.82 鹊鸲
Copsychus saularis

雀形目 PASSERIFORMES
鹟科 Muscicapidae

识别特征：全长约 20 cm。雄性黑白两色，雌性灰白两色。雄鸟头、颈、胸及背黑色，黑色翼具白色翼斑，外侧尾羽、腹及臀白色。雌鸟似雄鸟，但灰色取代黑色。虹膜褐色；嘴及脚黑色。

生境与习性：常单个或成对活动于村落附近的园圃及栽培地带，或树旁灌丛，也常见于城市庭院中。性活泼，大胆好斗。清晨常高踞树梢、墙脊、屋顶上啼鸣跳跃，鸣声婉转多变。常在粪坑、猪牛圈、垃圾堆或翻耕地里觅食，有时也在草地上猎取昆虫，尾常上翘。几乎全食动物性食物，兼吃少量草籽和野果。营巢于墙缝、树洞或树枝的丫杈处。

地理分布：分布于印度、中国、菲律宾、大巽他群岛。

种群状况：黑石顶自然保护区留鸟，种群数量大，多见于村镇、农田和人类活动较多的林缘地带。

3.3.83 北红尾鸲
Phoenicurus auroreus

雀形目 PASSERIFORMES
鹟科 Muscicapidae

识别特征：全长约 15 cm。雄鸟头顶和枕冠银灰色，脸颊、喉、上背、两翼黑褐色，初级飞羽具白色大斑，后背及腰和下体橙黄色，中央尾羽黑色，两侧尾羽栗红色。雌鸟上体灰棕色，翼灰黑色，白斑较小；下体浅棕色，尾下覆羽沾橙黄色。

生境与习性：栖息于多种开阔林地、灌丛、荒草地等生境，以及各种类型的城市公园。

地理分布：繁殖于东北亚地区，冬季至印度、中国、东南亚地区。

种群状况：在黑石顶自然保护区越冬，冬季常见，在某一时间会大量集中出现在黑石顶自然保护区。

3.3.84 红尾水鸲
Rhyacornis fuliginosus

雀形目 PASSERIFORMES
鹟科 Muscicapidae

识别特征：全长约 14 cm。雄鸟腰、臀及尾栗褐色，其余部位深青蓝色。雌鸟上体灰色，眼圈色浅；下体白色，灰色羽缘形成鳞状斑纹，臀、腰及外侧尾羽基部白色；尾余部黑色；两翼黑色，覆羽及三级飞羽羽端具狭窄白色纹。嘴黑色；脚褐色，雌鸟较雄鸟色浅。

生境与习性：栖息于溪流、河谷沿岸，尤以多石的林间或林缘地带的溪流沿岸较常见，常单独或成对活动。多站立在水边、水中石头、电线、村边房顶上。停栖时，常不停地扇开尾羽并上下抖动。飞行时靠近水面，边飞边叫。性好斗，有繁殖领域。以昆虫为主食，也食少量植物果实、嫩叶及草籽等。营巢于河岸、溪流边、稻田壁坎的凹陷处、岩石裂缝间或树洞等处。

地理分布：分布于巴基斯坦、喜马拉雅山脉至中国及中南半岛北部。

种群状况：黑石顶自然保护区留鸟，常见。

3.3.85 紫啸鸫
Myophonus caeruleus

雀形目 PASSERIFORMES
鹟科 Muscicapidae

识别特征：全长 28~35 cm。雌雄羽色相似。通体蓝紫色而具金属光泽，头、颈、上背和胸具浅色闪光点斑。虹膜红褐色；嘴黄色或黑色；脚黑色。

生境与习性：栖息于山地森林溪流沿岸或灌丛中。多营巢于溪边岩壁突出的岩石或岩缝间，也在洞穴中营巢。雏鸟晚成性，双亲共同抚育。主要以昆虫为食。在我国长江以南地区为留鸟，长江以北地区为夏候鸟。

地理分布：中国分布于华北、华东、华中、华南、西南等地区。国外分布于阿富汗、巴基斯坦、印度、缅甸、马来西亚、印度尼西亚。

种群状况：黑石顶自然保护区留鸟，甚常见。

3.3.86 灰背燕尾
Enicurus schistaceus

雀形目 PASSERIFORMES
鹟科 Muscicapidae

识别特征：全长约 23 cm。头顶及背灰色，前额具宽阔白带延至眼后，下颊、颏、喉黑色，两翼黑色具白色翼斑，胸腹至尾下覆羽及腰白色，长而分叉的黑色尾羽具白色末端。幼鸟头顶及背青石深褐色，胸部具鳞状斑纹。嘴黑色；脚粉红色。

生境与习性：主要栖息于中低山的森林和林缘疏林地带的山涧溪流与河谷沿岸，冬季也见于山脚、平原的河流溪谷。常单独或成对活动，喜停栖在水边乱石或激流中露出水面的石头上，上下摆动尾巴，遇惊则紧贴水面沿溪飞行并发出尖哨声。主要以水生昆虫、蚂蚁、毛虫、螺类等为食。夜晚在溪流附近树上休息。通常营巢于河岸岩石缝隙，雌雄轮流孵卵，雏鸟晚成性。

地理分布：中国分布于长江南部沿海地区、西南地区等。国外分布于尼泊尔、印度、缅甸、泰国、老挝、越南。

种群状况：黑石顶自然保护区留鸟，是种群数量最大、最常见的燕尾鸟。

3.3.87 白冠燕尾
Enicurus leschenaulti

雀形目 PASSERIFORMES
鹟科 Muscicapidae

识别特征： 全长约 25 cm。前额和顶冠白色色，额羽有时耸起成小凤头状；头余部、颈、背及胸黑色；腹部、腰及尾下覆羽白色；两翼黑色具白色翼斑，尾长而分叉，黑色而羽端白色，最外侧两枚尾羽全白色。嘴黑色；脚粉色。

生境与习性： 常栖息于山涧溪流与河谷沿岸，尤喜水流湍急、河中多石头的林间溪流，冬季也见于山脚平原河谷和村庄附近的溪流岸边。单独或成对活动，喜停栖于岩石或在水边行走寻找食物，并不停地展开叉形长尾。飞行近水面，且飞且叫，每次飞行距离不远。食物以水生昆虫为主，也食少量植物性食物。营巢于激流附近的岩隙间。

地理分布： 分布于印度、中国、大巽他群岛。

种群状况： 黑石顶自然保护区留鸟，常见，但种群数量少于灰背燕尾。

3.3.88 东亚石䳭
Saxicola torquata

雀形目 PASSERIFORMES
鹟科 Muscicapidae

识别特征： 全长约 14 cm。繁殖期雄鸟脸及喉黑色，头顶和背黑色，具棕色羽缘，颈侧具白斑，翼黑色具白色翼斑和浅色羽缘，腰白色，胸及两胁棕色，尾羽黑色。非繁殖羽黑色部分略带褐色。雌鸟头褐色，眉纹浅色，上体有棕色纵纹，下体微带褐色。飞行时翼上白斑显著。嘴黑色；脚近黑色。

生境与习性： 栖息于低山、丘陵、原野及湖岸间，喜农田、花园及次生灌丛等开阔生境。单个或成对活动。常站立于突出的低树枝以跃下地面捕食猎物。站立时不断急扭或舒展尾羽。主要以昆虫为食，兼食少量的草籽。

地理分布： 繁殖于日本、喜马拉雅山脉及东南亚北部等地区；越冬至非洲、中国、印度及东南亚地区。

种群状况： 黑石顶自然保护区冬候鸟或过境鸟，冬季常见，春、秋两季数量更多。

3.3.89 灰林䳭
Saxicola ferreus

雀形目 PASSERIFORMES
鹟科 Muscicapidae

识别特征： 全长约 15 cm。雄鸟上背青灰色具黑色纵纹，头部具醒目的黑色脸罩，眉纹白色，颏喉白色；翼黑色具白色翼斑；下体近白色，具灰色胸带；尾黑色，外侧尾羽羽缘灰色。雌鸟上体棕褐色，具白色或皮黄色眉纹，脸罩、两翼和尾棕色较深，腰栗红色，胸及下腹皮黄色。幼鸟似雌鸟，但下体褐色具鳞状斑纹。嘴灰黑色；脚深灰色。

生境与习性： 主要栖于林缘疏林、开阔灌丛、草坡、沟谷及农田等地，有时也进到阔叶林、针叶林林缘和林间空地。多单个或成对活动，有时也结 3~5 只的小群。常停息在灌木或小树顶枝上、电线或居民点附近的篱笆上，长时间鸣叫且摆动尾。在地面或于飞行中捕捉昆虫，也食少量野果和草籽。多营巢于草丛中或灌丛中，也在岸边或山坡岩石洞穴、矮土壁上筑巢。

地理分布： 分布于喜马拉雅山脉、中国南部及印度支那北部。

种群状况： 邻近的广东南岭国家级自然保护区有大量繁殖种群，黑石顶自然保护区不常见。

3.3.90 褐胸鹟
Muscicapa muttui

雀形目 PASSERIFORMES
鹟科 Muscicapidae

识别特征： 全长约 15 cm。头及上体浅褐色，具白色眼先及眼圈，深色的髭纹将白色的颊纹与白色颏及喉隔开，翼羽羽缘红棕色，腰和尾褐色较浓。下体污白色，胸带及两胁茶褐色。上嘴色深，下嘴黄色，尖端色深；脚粉红色至橙黄色。

生境与习性： 单独或成对活动，性安静而隐蔽。常停在树下部茂密的低枝上长时间不动，有昆虫飞过时，飞到空中捕食然后又飞回原处。

地理分布： 繁殖于印度东北部，中国中南、华南、西南地区。越冬至印度西南部、斯里兰卡。在缅甸、泰国也有记录。

种群状况： 黑石顶自然保护区繁殖鸟，有过境种群，较常见。

3.3.91 北灰鹟
Muscicapa dauurica

雀形目 PASSERIFORMES
鹟科 Muscicapidae

识别特征：全长约 13 cm。上体灰褐色，下体偏白色；眼圈白色（冬季眼先偏白色）；胸侧及两胁褐灰色但无纵纹。嘴较乌鹟长，翼尖延至尾的中部。首次渡冬的鸟两翅有翼斑和浅色羽缘。上嘴黑色，下嘴基黄色；脚黑色。

生境与习性：栖息于山地溪流沿岸的混交林、针叶林、落叶阔叶林，以及山脚和平原地带的次生林、林缘疏林灌丛和农田地边小树丛与竹丛中。常单独或成对活动，偶见3~5只的小群。多停息在树冠层中下部侧枝或枝杈上，飞起捕食空中的昆虫，后又回至栖处。尾作独特的颤动。

地理分布：繁殖于东北亚及喜马拉雅山脉；冬季南迁至印度、菲律宾、苏拉威西岛、大巽他群岛。

种群状况：春、秋迁徙季节常见，有少量过冬种群。

3.3.92 乌鹟
Muscicapa sibirica

形目 PASSERIFORMES
鹟科 Muscicapidae

识别特征：全长约 13 cm。头及上体深灰色，具白色眼圈和淡色眼先，喉白色，上胸及胸侧的不规则污灰色斑纹延至腹侧，下腹和尾下覆羽白色。翼上具不明显皮黄色斑纹，翼长至尾的 2/3。虹膜深褐色；嘴黑色；脚黑色。

生境与习性：栖息于山区针阔混交林、针叶林、亚高山矮曲林，以及山脚和平原地带的落叶和常绿阔叶林、次生林和林缘疏林灌丛。除繁殖期成对外，其他季节多单独活动。觅食于植被中上层。常立于突出的树枝上，捕捉过往昆虫。

地理分布：繁殖于东北亚及喜马拉雅山脉。冬季迁徙至中国、巴拉望岛、大巽他群岛。

种群状况：黑石顶自然保护区过境鸟，偶见过境，不常见。

3.3.93 黄眉姬鹟
Ficedula narcissina

形目 PASSERIFORMES
鹟科 Muscicapidae

识别特征：全长约 13 cm。雄鸟上体及尾黑色，具显著的黄色眉纹，腰黄色，翼具白色块斑，颏、喉橙红色，胸、上腹鲜黄色，下腹及尾下覆羽白色。雌鸟上体灰橄榄色，腰橄榄绿色，尾红褐色，两翅橄榄褐色且羽缘较浅，下体污白色，胸具不明显褐色纵纹。嘴黑色；脚铅蓝色至深褐色。

生境与习性：见于各种有林生境。常单独或成对活动，从树的顶层捕食昆虫，有时也到林下灌丛中活动和觅食。

地理分布：繁殖于东北亚；冬季至泰国南部、菲律宾、加里曼丹岛。

种群状况：春、秋迁徙季节常见。

3.3.94 鸲姬鹟
Ficedula mugimaki

形目 PASSERIFORMES
鹟科 Muscicapidae

识别特征：全长约 13 cm。雄鸟上体及尾灰黑色，眼后上方有粗白色眉纹；翼上具明显的白斑，外侧尾羽基部白色；喉、胸及腹侧橘黄色；腹中心及尾下覆羽白色。未成年雄鸟上体灰褐色，翼斑不明显。雌鸟上体褐色，具两道翼斑，下体似雄鸟但色较淡，无尾基部白色。嘴暗色；脚深褐色。

生境与习性：常单独或成对活动，多在森林树冠层枝叶间活动。

地理分布：繁殖于亚洲北部，冬季南迁至菲律宾、苏拉威西岛、大巽他群岛。过境鸟途经中国华东、华中、华南地区，少量于广西、广东、海南越冬。

种群状况：春、秋迁徙季节偶见。

3.3.95 红喉姬鹟
Ficedula albicilla

雀形目 PASSERIFORMES
鹟科 Muscicapidae

识别特征: 全长约 13 cm。繁殖期雄鸟胸红色,沾灰色。雌鸟及非繁殖期雄鸟灰褐色,喉部近白色,有狭窄白色眼圈。尾及尾上覆羽黑色,基部外侧有明显白色斑。嘴、脚黑色。

生境与习性: 常单独或成对活动,多在林冠下层近地面处活动觅食,叫声独特。

地理分布: 繁殖于古北界。迁徙经中国东北部,广西、广东、海南常见越冬个体。

种群状况: 春、秋迁徙季偶见。

3.3.96 白腹姬鹟
Cyanoptila cyanomelana

雀形目 PASSERIFORMES
鹟科 Muscicapidae

识别特征: 全长约 17 cm。雄鸟脸、喉及上胸近黑色,上体至尾青蓝色,下胸、腹及尾下覆羽白色,与深色的胸截然分开。外侧尾羽基部白色。雌鸟上体灰褐,两翼及尾褐色且肩部沾灰蓝色,喉中心及腹部白色。虹膜褐色;嘴及脚均为黑色。

生境与习性: 主要栖息于林缘、较陡的溪流沿岸、附近有陡岩或坡坎的森林地区。单独或成对活动,多在林冠层取食。以昆虫为主要食物。

地理分布: 繁殖于东北亚地区;冬季南迁至中国、马来半岛、菲律宾、大巽他群岛。

种群状况: 春、秋迁徙季节常见。

3.3.97 海南蓝仙鹟
Cyornis hainanus

雀形目 PASSERIFORMES
鹟科 Muscicapidae

识别特征： 全长约 15 cm。雄鸟上体至尾深蓝色，脸、颏近黑色，额及肩部色较鲜亮，下体由蓝色至白色渐变，喉、胸部深蓝色，向后渐变浅，至腹部和尾下覆羽为白色。亚成体雄鸟的喉近白色。雌鸟上体褐色，腰、尾及次级飞羽沾棕色，眼先及眼圈皮黄色，胸部橘褐色渐变至腹部及尾下的灰白色。虹膜黑褐色；嘴黑色；脚肉褐色。

生境与习性： 主要栖息于低山常绿阔叶林、次生林和林缘灌丛。常单独或成对活动。主要以昆虫为食。

地理分布： 中国分布于南方地区。国外分布于东南亚地区。

种群状况： 黑石顶自然保护区繁殖夏候鸟，春、夏季常见。

3.3.98 寿带
Terpsiphone paradisi

雀形目 PASSERIFORMES
王鹟科 Monarchinae

识别特征： 不计尾部延长约 22 cm。有棕色和白色两种色型。棕色型雄鸟头黑色具辉蓝色光泽，具明显羽冠，上体及尾红褐色，胸至两胁灰黑色，下腹及尾下覆羽白色，中央尾羽延长 20~30 cm。白色型头部与棕色型同，除两翼具黑色羽缘外其余体羽呈白色。两种色型的雌鸟都似棕色型雄鸟但显暗淡，头部染褐而缺少光泽，尾不延长。虹膜褐色；眼周裸露皮肤蓝色；嘴蓝色；脚蓝色。

生境与习性： 主要栖息于中低山及平原地带的阔叶林、次生阔叶林、竹林，尤喜沟谷和溪流附近的阔叶林中。常单独或成对活动，偶见 3~5 只成群，活动在森林中下层茂密的树枝间，也常与其他种类混群。飞行缓慢，常从栖息的树枝上飞到空中捕食昆虫。落地时长尾高举。

地理分布： 分布于土耳其、印度、中国、大巽他群岛。

种群状况： 迁徙季黑石顶自然保护区偶见。

3.3.99 黑枕王鹟

Hypothymis azurea

雀形目 PASSERIFORMES
王鹟科 Monarchinae

识别特征： 全长 15 cm。雄鸟通体、两翅和尾几乎全为蓝色，头顶亮蓝色，额基黑色，枕有一黑色块斑，颈基部具一半月形黑色围领，腹部和尾下覆羽白色。雌鸟头颈深灰蓝色，上背和飞羽灰棕色；枕无黑斑，亦无黑色围领。嘴蓝黑色，脚铅蓝色。

生境与习性： 常单独活动，行动敏捷，在树枝和灌丛间来回飞行，不时停息于树枝或灌木顶端。

地理分布： 分布于中国、印度、东南亚、菲律宾、大巽他群岛、苏拉威西岛。广东有繁殖种群。

种群状况： 迁徙季黑石顶自然保护区偶见。

3.3.100 黑脸噪鹛

Garrulax perspicillatus

雀形目 PASSERIFORMES
噪鹛科 Leiothrichidae

识别特征： 全长 27~32 cm。雌雄无显著形态差异。头顶至后颈褐灰色，具黑色阔脸罩；背暗灰褐色，至尾上覆羽转为土褐色；尾羽暗棕褐色。颏、喉至上胸褐灰色；下胸和腹棕白色或灰白沾棕色，两胁棕白沾灰色，尾下覆羽棕黄色，腋羽和翼下覆羽浅黄褐色。嘴黑褐色，脚淡褐色。

生境与习性： 栖息于林缘地、灌丛中、城市绿地等生境，极少至密林中。通常营巢于灌木、幼树或竹类枝桠上。杂食性，以昆虫为主。

地理分布： 中国主要分布于陕西、山西、河南、安徽、长江流域及其以南地区，东至江苏、浙江、福建，南至广东、香港、广西，西至四川、贵州、云南。国外仅见于越南北部。

种群状况： 黑石顶自然保护区低海拔区域常见留鸟，种群数量大。

3.3.101 小黑领噪鹛
Garrulax monileger

雀形目 PASSERIFORMES
噪鹛科 Leiothrichidae

识别特征：全长 27~29 cm。上体橄榄褐色，眼先黑色，具细长白色眉纹及黑色贯眼纹，耳羽白色，位于贯眼纹和黑色颧纹之间；后颈有一条橙棕色宽领环。颏、喉、上胸白色；下体偏白色，胸部有黑色胸带，有时中断或由一些连续的黑斑点形成。虹膜黄色；嘴黑褐色，尖端较淡；脚淡褐色或肉褐色，爪黄色或黄褐色。

生境与习性：通常栖息于海拔 1300 m 以下的低山和山脚阔叶林、灌丛、竹丛，多在林下地面或灌丛中活动觅食。主要以昆虫为食，也吃草籽和植物果实、种子。经常单独集群或与黑领噪鹛混群活动，非常喧闹。

地理分布：有多个亚种。中国亚种主要分布在湖南、广东、福建。

种群状况：黑石顶自然保护区留鸟，较常见，但种群数量明显小于黑领噪鹛。

3.3.102 黑领噪鹛
Pterorhinus pectoralis

雀形目 PASSERIFORMES
噪鹛科 Leiothrichidae

识别特征：全长 28～30 cm。体棕褐色。后颈红棕色，形成半领环状。眼先棕白色，白色眉纹长而显著，耳羽黑色而杂有白纹。下体几乎全为白色，胸有一黑色环带，两端多与黑色颧纹相接。虹膜棕色或茶褐色；上嘴黑色，下嘴灰色；脚蓝灰色，爪黄色。

生境与习性：通常栖息于林下、灌丛、竹丛或幼树上。主要以昆虫为食，也吃草籽和植物果实、种子。经常集群活动，非常喧闹。

地理分布：分布于喜马拉雅山脉东段、印度东北部，东至中国华中、华东地区，南至泰国西部、老挝北部、越南北部。

种群状况：黑石顶自然保护区留鸟，较常见。

3.3.103 黑喉噪鹛
Pterorhinus chinensis

雀形目 PASSERIFORMES
噪鹛科 Leiothrichidae

识别特征：全长约 26 cm。头颈和胸腹为深灰色，上体、两翼及尾羽褐灰色，额基、眼先、眼周、喉黑色并延伸至上胸，耳区有一醒目大白斑。

生境与习性：通常栖息于林下、灌丛、竹林。经常集小群活动，非常喧闹。

地理分布：中国分布于广东、广西、海南，以及西南地区。国外分布于中南半岛。

种群状况：黑石顶自然保护区留鸟，结群活动，较常见。国家二级保护动物。

3.3.104 画眉
Garrulax canorus

雀形目 PASSERIFORMES
噪鹛科 Leiothrichidae

识别特征：全长 21~24 cm。通体黄褐色，白色眼圈在眼后延伸成狭窄的眉纹，顶冠、颈背及上胸具深色纵纹。虹膜棕褐色；嘴偏黄色；脚黄褐色。

生境与习性：主要栖息于中低山丘陵和山脚平原地带的矮树丛和灌丛中，也见于农田、村落附近的竹林或庭园中。多成对或结小群活动。性机敏胆怯，常隐匿在浓密的杂草及树枝间跳动鸣叫。"歌声"悠扬婉转，富于变化，有时也模仿别的鸟叫。性杂食，主要以昆虫为食，也吃野生植物果实、种子及部分农作物。多营巢于灌木上。

地理分布：中国分布于长江流域及其以南地区。国外分布于中南半岛北部。

种群状况：黑石顶自然保护区留鸟，较常见。CITES 附录 Ⅱ 收录物种。国家二级保护动物。

3.3.105 红嘴相思鸟
Leiothrix lutea

雀形目 PASSERIFORMES
噪鹛科 Leiothrichidae

识别特征：全长 13~16 cm。颜色鲜艳，嘴鲜红色。头顶黄绿色、喉部鲜黄色；上体橄榄绿色，初级飞羽和次级飞羽具黄色和红色的羽缘；下体浅黄色，胸橘红色。尾辉黑色，外侧尾羽向外稍曲，中央尾羽灰橄榄绿色具金属蓝黑色端斑，外侧尾羽外翈和端斑金属蓝绿色，内翈基部暗灰橄榄绿色。虹膜淡红褐色；脚粉红色至黄褐色。

种群状况：黑石顶自然保护区留鸟，较常见。CITES 附录 II 收录物种。国家二级保护动物。

生境与习性：栖息于山地常绿阔叶林、竹林和林缘疏林灌丛地带，有时也见于村舍、农田附近的灌木丛中。繁殖季节成对活动，其他季节多成小群活动，也与其他小鸟混群。性机警而喧闹，善鸣叫。以昆虫和虫卵等为食，也吃大量植物性食物。常营巢于林下灌木侧枝、小树枝杈上或竹枝上。

地理分布：分布于喜马拉雅山脉、印度东北部、缅甸中北部至中国南方和越南北部。中国见于北至秦岭，东至沿海，西至西藏南部以南的各省市。

3.3.106 华南斑胸钩嘴鹛
Pomatorhinus swinhoei

雀形目 PASSERIFORMES
鹛科 Timaliidae

识别特征：全长 22~24 cm。嘴显著延长而下弯，前额及耳羽栗红色，眼先浅色，无浅色眉纹和深色髭纹；上体及尾棕褐色，下体灰白色，胸部具浓密的黑色纵纹。虹膜黄至栗色；上嘴深褐色，下嘴浅色；脚肉褐色。

生境与习性：栖息于丘陵至山地的灌丛、树木、竹丛间，也见于农田地边和村寨附近的小树林和灌木丛。多单独或成对活动，有时松散地结成小群在灌木下层或地上活动。叫声清晰而洪亮，常有互相应叫的习性。主要以昆虫为食，也吃植物种子。

地理分布：中国特有种。主要分布于中国华东至华南地区（海南未见）。

种群状况：黑石顶自然保护区留鸟，较常见。

3.3.107 棕颈钩嘴鹛
Pomatorhinus ruficollis

雀形目 PASSERIFORMES
鹛科 Timaliidae

识别特征： 全长 16~19 cm。头深褐色具白色长眉纹、宽阔的黑色过眼纹及栗色的颈圈；喉白，胸具纵纹，下体暗褐色。虹膜深褐色；上嘴黑，下嘴黄；脚铅褐色。

生境与习性： 栖息于低山和山脚平原地带的阔叶林、次生林、竹林和林缘灌丛，也出入于村寨附近的茶园、果园、路旁丛林和农田地灌木丛间。单独、成对或成小群活动，常与其他鸟类混群。多靠近地面，攀爬树干或树枝。主要以昆虫和昆虫幼虫为食，也吃植物果实与种子。常营巢于灌木上。

地理分布： 分布于喜马拉雅山脉，缅甸北部及西部，中南半岛北部，中国华中、华南地区。

种群状况： 黑石顶自然保护区留鸟，较常见。

3.3.108 红头穗鹛
Stachyris ruficeps

雀形目 PASSERIFORMES
鹛科 Timaliidae

识别特征： 全长 10~12 cm。上体橄榄绿色，顶冠棕红色，额基、眼先黄色；喉、胸及头侧沾黄；下体橄榄黄色，喉具不显的黑色细纹。虹膜棕红色；嘴深灰色，嘴基颜色较浅；脚肉褐色。

生境与习性： 主要栖息于山地森林林缘。常单独或结小群活动于灌丛中或高草丛中，有时也与其他鸟类混群。主要以昆虫为食，也食少量植物果实与种子。常营巢于茂密的灌丛、竹丛、草丛和堆放的柴垛上。

地理分布： 分布于喜马拉雅山脉东部至中国华中、华南地区，中南半岛、缅甸北部。

种群状况： 黑石顶自然保护区留鸟，较常见。

3.3.109 褐顶雀鹛
Schoeniparus brunnea

雀形目 PASSERIFORMES
幽鹛科 Pellorneidae

识别特征：全长 13~15 cm。前额至尾棕褐色，黑色侧冠纹延至颈侧，脸灰色染些许棕色，下体灰色。无翼斑。虹膜浅褐色至棕褐色；嘴深褐色或黑色；脚黄褐色或浅褐色。

生境与习性：主要栖息于中低山丘陵和山脚林缘地带的次生林、阔叶林和林缘灌丛与竹丛中，常见于路边、耕地和居民点附近的山坡灌草丛中，多在地面活动。除繁殖期成对活动外，余时常与淡鹛雀鹛等结群活动。主要以昆虫为食，也食部分植物性食物。常营巢于靠近地面的灌丛中。

地理分布：中国分布于华南、华中等地区。

种群状况：黑石顶自然保护区留鸟，较常见。

3.3.110 淡眉雀鹛
Alcippe hueti

雀形目 PASSERIFORMES
幽鹛科 Pellorneidae

识别特征：全长 13~15 cm。头灰色，具明显的白色眼圈和不甚清晰的深色侧冠纹；上体略染绿色的黄棕色，下体皮黄色。虹膜红色至栗色；嘴灰色至黑褐色；脚偏粉至暗黄褐色。

生境与习性：栖息于山地、丘陵和平原地带的森林和灌丛中。除繁殖期成对活动外，常成小群活动，亦多作为"核心"物种出现在混合鸟群中。性机警，有人靠近立刻发出警戒声。主要以昆虫为食，也吃植物果实、种子、苔藓等植物性食物。常营巢于林下灌丛近地面的枝杈上，也见呈吊篮状悬吊于常绿阔叶林下灌木的水平枝上。

地理分布：中国分布于华东、华南地区。

种群状况：黑石顶自然保护区留鸟，较常见。

3.3.111 小鳞胸鹪鹛
Pnoepyga pusilla

雀形目 PASSERIFORMES
鳞胸鹪鹛科 Pnoepygidae

识别特征： 全长 8~9 cm，尾极短小，隐藏在尾上覆羽之下，看似无尾。上体羽毛棕褐色，具黑褐色羽缘，形成鳞状斑纹；翼上覆羽具亮棕黄色点状次端斑，形成两列明显的亮棕黄色斑点；下体满布鳞状纹。按鳞状纹颜色模式分白色型或棕黄色型。白色型的颏、喉羽白色，微具黑褐色羽缘；胸、腹部羽毛中央棕黑色，羽缘白色，整体上看满布白色鳞状纹；棕黄色型下体色斑模式与白色型相似，只是白色型的白色替换成棕黄色，黑褐色替换成深褐色，整体上看满布深色鳞状纹。虹膜深褐色；嘴黑褐色，嘴基黄褐色；脚粉红至褐色。

生境与习性： 栖息于山区森林，尤喜茂密、林下植物发达、地势起伏的阴暗潮湿森林中。单独或成对活动。性隐匿，常在稠密灌木林或竹根间的地面跳来跳去，也在森林地面急速奔跑，形似老鼠。频繁发出清脆响亮的独特叫声。杂食性，以植物的叶、芽及昆虫等为食。巢见于林下岩石间或长满苔藓植物的岩石壁上。

地理分布： 分布于尼泊尔至中国南方地区、马来半岛、苏门答腊岛、爪哇岛、弗罗勒斯岛、帝汶岛。

种群状况： 黑石顶自然保护区留鸟，较隐蔽，不常见。

3.3.112 白腹凤鹛
Erpornis zantholeuca

雀形目 PASSERIFORMES
莺雀科 Vireonidae

识别特征： 全长 10~12 cm，头顶具短冠羽，与上背、两翼和尾羽同为橄榄绿色，脸颊、颏、喉和下体为灰白色，或多或少沾绿色。

生境与习性： 栖息于亚热带和热带的山区林地中。性活泼，常与其他鸟类混群。

地理分布： 分布于喜马拉雅山区、中国南方地区和东南亚地区。

种群状况： 黑石顶自然保护区留鸟，常见。

3.3.113 黑眉苇莺
Acrocephalus bistrigiceps

雀形目 PASSERIFORMES
苇莺科 Acrocephalidae

识别特征：体形略小，长约 13 cm。上体棕褐色，有较显著的黑色侧冠纹和细贯眼纹及皮黄色眉纹，腰偏棕红色，下体皮黄色。上嘴褐色，下嘴色浅；脚粉色。

生境与习性：栖于中低山丘陵和平原地带的湖泊、河流、水塘、沼泽等水域岸边的灌丛和芦苇丛中。常单独或成对活动，性机警而活泼。主要以昆虫为食，也吃蜘蛛等其他无脊椎动物。

地理分布：繁殖于东北亚；越冬至印度、中国南方、东南亚。

种群状况：黑石顶自然保护区过境鸟，见于河岸灌丛中，不甚常见。

3.3.114 暗冕山鹪莺
Prinia rufescens

雀形目 PASSERIFORMES
扇尾莺科 Cisticolidae

识别特征：体长约 11 cm。尾不甚长；上体多偏红色；眼先及眉纹近白色，眉纹显著且延至眼后；嘴褐色较重。繁殖期上体红褐而头近灰色，下体白色，腹部、两胁及尾下覆羽沾皮黄色。

生境与习性：多栖息于低矮密丛，活跃好动，秋、冬季结成小群。

地理分布：中国分布于南方地区。国外分布于缅甸、印度。

种群状况：黑石顶自然保护区留鸟，不甚常见。

3.3.115 黑喉山鹪莺

Prinia atrogularis

雀形目 PASSERIFORMES
扇尾莺科 Cisticolidae

识别特征： 全长 13~20 cm。上体暗棕褐色或橄榄褐色，头顶、面颊和耳羽区深灰色，眉纹白色，眼先和颏黑色，颏、喉白色，胸部皮黄色，具黑斑纹。尾甚长呈凸状，冬羽尾更长。虹膜淡褐色，上嘴角褐色或黑褐色，下嘴较淡，淡黄褐色。脚淡红褐色。

生境与习性： 栖息于山地灌丛和草丛中。

地理分布： 中国见于西南和华南地区。国外见于印度和中南半岛北部。

种群状况： 黑石顶自然保护区种群数量较大，常见。

3.3.116 纯色山鹪莺

Prinia inornata

雀形目 PASSERIFORMES
扇尾莺科 Cisticolidae

识别特征： 又名褐头鹪莺。全长 11~14 cm。冬羽尾较长，上体红褐色，下体淡棕色，眉纹较宽，皮黄色，对比不强烈。繁殖羽具浅色眉纹，上体暗灰褐色，下体淡皮黄色至偏红色。虹膜浅褐色；嘴近黑色；脚粉红色。

生境与习性： 栖息于中低山和平原的农田耕地、果园、灌丛、草丛及沼泽中。常结小群活动，在灌木下部和草丛中跳跃觅食。尾时常竖起，飞行呈波浪式，常边飞边叫。主要以昆虫为食，也吃少量其他小型无脊椎动物和杂草、种籽等。常营巢于芒草丛间。

地理分布： 分布于印度、中国、东南亚地区。

种群状况： 黑石顶自然保护区留鸟，种群数量较大。

3.3.117 黄腹山鹪莺
Prinia flaviventris

雀形目 PASSERIFORMES
扇尾莺科 Cisticolidae

识别特征： 全长 10～13 cm。尾较长，繁殖期头顶和头侧暗石板灰色，眉纹短，仅由嘴基延至眼中部，上体橄榄褐色，喉白色，胸及腹部黄色。冬羽颜色稍浅，尾较夏羽长。虹膜浅褐色；嘴夏季黑色，冬季褐色；脚橘黄色。

生境与习性： 栖息于山脚和平原地带的芦苇沼泽、高草地及灌丛等。多在灌丛或草丛下部及地上活动和觅食。飞行有力，常发出"啪、啪"的振翅声响。活动时尾常上下摆动，或垂直翘到背上，并不时发出猫一样的叫声。主要以昆虫为食，也吃植物果实和种子。多营巢于杂草丛间或低矮的灌木上。

地理分布： 分布于巴基斯坦至中国南方地区，及大巽他群岛。

种群状况： 黑石顶自然保护区留鸟，种群数量较大。

3.3.118 长尾缝叶莺
Orthotomus sutorius

雀形目 PASSERIFORMES
扇尾莺科 Cisticolidae

识别特征： 全长 12~14 cm。额和头顶棕色，往枕部逐渐变为棕褐色或褐色，眼先灰色，眼周淡棕色，颊和耳羽淡皮黄色沾橄榄绿色。背、肩、腰和尾上覆羽等上体亦为橄榄绿色或黄绿色，尾长，中央一对尾羽在繁殖期间尤为延长，外侧尾羽褐色。飞羽褐色，下体白色微沾皮黄色。雌鸟和雄鸟相似，但尾短，繁殖期间不延长。虹膜淡褐色、黄褐色或皮黄色，上嘴棕褐色或红褐色，下嘴黄色或皮黄色，脚肉色或肉黄色。

生境与习性： 栖息于低山、山脚和平原地带，尤其喜欢村旁、地边、果园、公园、庭院等人类居住区附近的小树丛、人工林和灌木丛。常单独或成对活动，于树枝叶间、灌草木丛、地面活动和觅食。利用叶片缝合成巢，雏鸟晚成性，双亲共同育雏。主要以昆虫为食。

地理分布： 中国分布于云南、贵州、广西、广东、福建、湖南、海南。国外分布于马来西亚、印度尼西亚等地。

种群状况： 黑石顶自然保护区留鸟，甚常见。

3.3.119 短尾鸦雀
Neosuthora davidiana

雀形目 PASSERIFORMES
鸦雀科 Paradoxornithidae

识别特征：全长约9 cm。头顶至后颈以及头侧和颈侧均栗红色，背棕灰色，颏、喉黑色，无白色条纹或斑点，胸、腹灰色；尾明显较其他鸦雀短。嘴短而粗厚，肉色；脚铅灰褐色。

生境与习性：栖于中低山及山脚地带灌丛、竹林，多见于林缘地带。结小群活动，活泼敏捷，不停地在林下灌木枝叶间跳跃觅食。食物以昆虫为主，也吃植物果实。

地理分布：中国分布于东南、华南等地区。国外分布于越南、缅甸，属不同亚种。

种群状况：黑石顶自然保护区留鸟，较罕见。国家二级保护动物。

3.3.120 棕头鸦雀
Paradoxornis webbianus

雀形目 PASSERIFORMES
鸦雀科 Paradoxornithidae

识别特征：体形纤小，约12 cm。头棕红色，嘴粗短；翼暗红色，尾近黑色；下体暗灰色，喉略具浅色细纹。虹膜暗褐色；嘴灰色或褐色，嘴端色较浅；脚粉灰色至铅褐色。

生境与习性：栖息于中低山林缘灌丛地带，也见于疏林草坡、竹丛、矮树丛、果园、庭院和沼泽等生境。常集结群在灌丛间窜动，叫声较嘈杂。杂食性。

地理分布：分布于中国、朝鲜半岛、越南北部。

种群状况：黑石顶自然保护区偶见。

3.3.121 棕脸鹟莺
Abroscopus albogularis

雀形目 PASSERIFORMES
树莺科 Cettiidae

识别特征： 全长约 10 cm。前额连同头侧栗红色，有黑色侧冠纹，侧冠纹之间的头顶部黄绿色，与上体黄绿色相连；下体白色，喉部黑色，胸部和臀部染黄。嘴深灰色；脚粉褐色。

生境与习性： 多栖于阔叶林和竹林中，冬季常与其他小鸟混群。鸣声单调清脆易识别。

地理分布： 分布于中国、缅甸、中南半岛北部至尼泊尔地区。

种群状况： 黑石顶自然保护区冬候鸟，不常见。

3.3.122 强脚树莺
Horornis fortipes

雀形目 PASSERIFORMES
树莺科 Cettiidae

识别特征： 全长 10~12 cm。上体橄榄褐色，具模糊的皮黄色眉纹，下体偏白而染褐黄，尤其是胸侧、两胁及尾下覆羽。幼鸟黄色较多。虹膜褐色；上嘴深褐色，下嘴黄色；脚肉棕色。

生境与习性： 栖息于中低山常绿阔叶林和次生林及林缘灌丛、竹丛与高草丛中。常单独或成对活动，性胆怯善藏匿，常常只闻其声。主要以昆虫为食，也吃植物果实。常营巢于灌丛或茶树丛下部靠近地面的侧枝上，也营巢于草丛中。

地理分布： 分布于喜马拉雅山脉至中国南方地区、大巽他群岛。

种群状况： 黑石顶自然保护区留鸟，种群数量较大，4~15 月满山可闻其求偶鸣声。

3.3.123 金头缝叶莺
Phyllergates cuculatus

雀形目 PASSERIFORMES
树莺科 Cettiidae

识别特征： 全长 10~12 cm。雌雄羽色相似。前额和头顶栗色或金橙棕色，眼上有一短而窄的黄色眉纹。眼先和贯眼纹黑色，眼后较白，头侧、枕、后颈和颈侧暗灰色。背、肩橄榄绿色，腰和尾上覆羽黄色或橄榄黄色，尾羽褐色。翅上覆羽橄榄绿色，飞羽褐色。颊和耳覆羽下部分银白色。颏、喉、胸白色或淡灰白色，下体鲜黄色。虹膜褐色，上嘴暗褐色，下嘴较淡，肉角色或角黄色，脚肉色或淡黄色。

生境与习性： 栖息于茂密的阔叶林，常在冠层活动。缝合大型叶片营巢。主要以昆虫和昆虫幼虫为食。有垂直迁徙的习性，夏季多在高山繁殖，冬季下至较低海拔，经常出现在城市公园绿地。

地理分布： 中国分布于华南、云南等地。国外分布于马来西亚、菲律宾和印度尼西亚等地。

种群状况： 黑石顶自然保护区留鸟，春至夏初通过其鸣叫声，估测有一定的种群规模。

3.3.124 褐柳莺
Phylloscopus fuscatus

雀形目 PASSERIFORMES
柳莺科 Phylloscopidaeae

识别特征： 全长 11~12 cm。上体深灰褐色，无顶冠纹及翅斑，眉纹在眼前方为白色，眼后方为皮黄色，有深色过眼纹。下体浅褐色，喉至胸污白色。虹膜褐色；上嘴黑褐色，下嘴基黄色；脚淡褐色。

生境与习性： 繁殖期栖于低地、沼泽、溪流沿岸的疏林与灌丛中；非繁殖期见于灌丛、芦苇田、草地等生境，尤喜水域附近。常单独或成对活动，多在林下、林缘和溪边灌丛与草丛中活动，较隐蔽。性活泼好动，不断发出重复的叫声。翘尾，弹尾可及两翼。

地理分布： 繁殖于亚洲北部、西伯利亚、蒙古北部、中国北部及东部，冬季迁徙至中国南方地区、东南亚地区、印度、喜马拉雅山麓。

种群状况： 黑石顶自然保护区见于冬季及春、秋迁徙季。

3.3.125 黄腰柳莺
Phylloscopus proregulus

雀形目 PASSERIFORMES
柳莺科 Phylloscopidae

识别特征： 全长 8~11 cm。上体偏黄绿色，具柠檬黄色的粗眉纹和浅黄色顶冠纹；腰柠檬黄色，具两道黄色翼斑，三级飞羽羽缘浅色；下体灰白色，尾下覆羽沾浅黄色。虹膜褐色；嘴黑色，嘴基橙黄色；脚淡褐色。

生境与习性： 夏季栖于针叶林和针阔叶混交林，也见于阔叶林；迁徙季和冬季常见于林地、灌丛等广阔生境。性活泼敏捷，常悬停捕食。

地理分布： 繁殖于亚洲北部；越冬在中国南方、印度北部。

种群状况： 黑石顶自然保护区冬季及春、秋迁徙季常见。

3.3.126 黄眉柳莺
Phylloscopus inornatus

雀形目 PASSERIFORMES
柳莺科 Phylloscopidae

识别特征： 全长 9~11 cm。上体橄榄绿色，下体偏白色。眉纹长，几乎延至颈背，在眼先为黄色，眼后为白色；黑色过眼纹较模糊；顶冠纹几不可见。三级飞羽黑色具白色羽缘，通常具两道翼斑，后一道较宽并具黑色边缘。虹膜褐色；上嘴深灰色，下嘴基黄色；脚褐色。

生境与习性： 夏季栖于阔叶林或泰加林林缘，迁徙期间和冬季出现于森林、农田、城市公园中。性活泼好动，频繁扇动翅和尾。常加入混合鸟群。

地理分布： 繁殖于亚洲北部以及中国东北地区；冬季南迁至印度、马来半岛。

种群状况： 黑石顶自然保护区冬季及春、秋迁徙季常见。

3.3.127 华南冠纹柳莺
Phylloscopus goodsoni

雀形目 PASSERIFORMES
柳莺科 Phylloscopidae

识别特征： 全长约 10.5 cm。上体鲜橄榄绿色，下体白色，胸部及两胁染黄色。黄色顶冠纹在后方更宽阔明显，眉纹鲜黄色。具两道黄色翼斑，三级飞羽无浅色羽缘。虹膜褐色；嘴和脚橘黄色。

生境与习性： 栖于山地常绿阔叶林、针阔混交林、针叶林和林缘灌丛地带，秋、冬季多活动于低山和山脚平原地带。常单独或成对活动，冬季多加入混合鸟群。常在树干上觅食，双翅轮番鼓动。营巢于中山林缘和林间空地等开阔地带的岸边陡坡岩穴或树洞中。

地理分布： 中国特有种。见于中国华东、东南、华南地区和海南海拔 500~1000 m 的常绿阔叶林中，可短距离迁徙。

种群状况： 黑石顶自然保护区留鸟，春、秋季较易见。

3.3.128 栗头鹟莺
Phylloscopus castaniceps

雀形目 PASSERIFORMES
柳莺科 Phylloscopidaeae

识别特征： 全长 9~10 cm。顶冠栗红色，侧顶纹黑色，眼圈白色，脸颊及颈部灰色，喉白色。上体橄榄绿色，具两道黄色翼斑，腰及下体黄色。虹膜褐色；上嘴黑褐色，下嘴橘黄色；脚褐灰色。

生境与习性： 栖于中低山及山脚地带阔叶林与林缘疏林灌丛。繁殖期常单独或成对活动，非繁殖期常加入混合鸟群。多活动在林下灌木丛和竹丛中，主要以昆虫为食，也吃少量杂草种子等植物性食物。常营巢于阔叶林中树根下的土坎上或溪岸和岩边洞穴中。

地理分布： 分布于喜马拉雅山脉、中国南部、马来半岛、苏门答腊岛。

种群状况： 黑石顶自然保护区留鸟，种群数量不大。

3.3.129 暗绿绣眼鸟
Zosterops japonicus

雀形目 PASSERIFORMES
绣眼鸟科 Zosteropidae

识别特征：全长 9~11 cm。雌雄鸟羽色相似。从额基至尾上覆羽为草绿色或暗黄绿色，前额沾有较多黄色，眼周有一圈白色绒状短羽，眼先至眼圈下方有细的黑色纹，耳羽、脸颊黄绿色；尾暗褐色，外翈羽缘草绿色或黄绿色。颏、喉、上胸和颈侧鲜柠檬黄色，下胸和两胁苍灰色，腹中央近白色，尾下覆羽淡柠檬黄色。虹膜红褐或橙褐色，嘴黑色，下嘴基部稍淡，脚暗铅色或灰黑色。

生境与习性：营巢于乔木或灌木上。以昆虫为食。迁徙季节和冬季喜欢成群活动。

地理分布：中国分布于黄河中下游、长江流域和及其以南地区（包括台湾、海南、香港）。国外分布于朝鲜、日本、缅甸、越南等地。

种群状况：黑石顶自然保护区留鸟，种群数量大，多见于林缘、行道树、农田和村落绿化植物上。

3.3.130 栗颈凤鹛
Yuhina torqueola

雀形目 PASSERIFORMES
绣眼鸟科 Zosteropidae

识别特征：全长 12~15 cm。羽冠灰色，颊部的栗色延伸成后颈圈，并杂白色纵纹；上体灰褐色，具白色羽轴形成的细小纵纹；下体近白色；尾深褐灰具白色羽缘。虹膜浅红褐色；嘴红褐色，嘴端深色；脚粉红色至褐黄色。

生境与习性：栖息于中低山的常绿阔叶林和针阔叶混交林。非繁殖季节一般结集小群（20~30 只），活动于较高的灌丛顶端或小乔木上。性活泼而嘈杂，常在树枝间跳跃或从一棵树飞向另一棵树。主要以昆虫为食，也兼食植物果实。常营巢于其他鸟类废弃的巢洞或天然洞中。

地理分布：分布于印度东北部、泰国北部、中国南方地区。

种群状况：黑石顶自然保护区留鸟，种群数量大。

3.3.131 红头长尾山雀
Aegithalos concinnus

雀形目 PASSERIFORMES
长尾山雀科 Aegithalidae

识别特征： 全长 9.5~10 cm。头顶及颈背栗红色，宽阔的黑色眼罩从眼先延至颈侧，下颊及颏、喉白色具显著的黑色喉斑；上体灰褐色，下体白色，胸带及两胁栗色。幼鸟头顶色浅，无黑色喉斑。虹膜浅黄色；嘴黑色；脚红褐色。

生境与习性： 栖息于山地森林和灌木林间，也见于果园、茶园等人居附近的小林内。常结小群活动在灌木丛或乔木间，也与其他小鸟混群。性活泼而嘈杂。杂食性，主要食昆虫等动物性食物，也食少量浆果、草籽等植物性食物。巢多见于针叶树上。

地理分布： 分布于喜马拉雅山脉、缅甸、中国华南及华中地区等。

种群状况： 黑石顶自然全保护区留鸟，种群数量大。

3.3.132 大山雀
Parus minor

雀形目 PASSERIFORMES
山雀科 Paridae

识别特征： 全长约 14 cm。头上部及喉辉黑，颊部和颈背亦各有一白斑；上背银灰色，具一条醒目的翼带；下体白色，中央黑带从喉延至尾下覆羽。幼鸟下体黑带较模糊。虹膜褐色；嘴黑色；脚灰褐色。

生境与习性： 栖息于山区阔叶林、针叶林和针阔混交林中，也常见于平原地带的林间、庭园、果园和房前屋后。秋、冬季常集群活动，在树枝间穿梭跳跃寻觅食物。主要以昆虫为食，也吃少量植物性食物。多营巢于天然树洞、石隙或墙洞间，有时也利用啄木鸟遗弃的树洞。

地理分布： 分布于古北界、印度、中国、日本、东南亚地区。

种群状况： 黑石顶自然保护区留鸟，种群数量大。

3.3.133 黄颊山雀
Parus spilonotus

雀形目 PASSERIFORMES
山雀科 Paridae

识别特征： 全长 12~14 cm。头顶和羽冠黑色，前额、眼先、头侧和枕鲜黄色，眼后有一黑纹。华南种群的上背黑灰色、具蓝灰色羽轴；颏、喉、胸黑色并沿腹中部延伸至尾下覆羽，形成一条宽阔的黑色纵带，纵带两侧蓝灰色。雌鸟多绿黄色，具两道黄色的翼纹，腹部蓝灰色，染黄绿色。虹膜暗褐色；嘴深灰色至黑色；脚蓝灰色至黑色。

生境与习性： 主要栖息于山地各类森林，也见于山边稀树草坡、果园、茶园、溪边和地边灌丛、小树上。常结小群活动，也同其他鸟类混群。杂食性，主要以昆虫为食，也吃植物果实。营巢于树洞或岩石和墙壁缝隙中，有时置于地上。

地理分布： 分布于喜马拉雅山脉东段、中南半岛至中国南方地区。

种群状况： 黑石顶自然保护区留鸟，较常见。

3.3.134 红胸啄花鸟
Dicaeum ignipectus

雀形目 PASSERIFORMES
啄花鸟科 Dicaeidae

识别特征： 全长 6~9 cm。雄鸟上体蓝色而具有绿色辉光，下体皮黄色。胸部具有一块朱红色块斑，腹部为一条狭窄的黑色纵纹。雌鸟上体呈橄榄绿色，下体棕黄色。

生境与习性： 觅食于树冠层桑寄生和槲寄生植物丛中，是这些寄生植物的重要传播者；有时也在园林绿地的开花植物的林冠觅食。性活波，常成对或成群活动。单音节叫声，有时发出一系列细碎连续的叫声。

地理分布： 中国主要分布于华中、华南、西藏东南部至云南以及台湾地区。国外分布于喜马拉雅山脉、东南亚地区直至苏门答腊岛。

种群状况： 黑石顶自然保护区留鸟，常见种。

3.3.135 纯色啄花鸟
Dicaeum minullum

雀形目 PASSERIFORMES
啄花鸟科 Dicaeidae

识别特征： 全长 9 cm 左右。上体橄榄绿色，下体偏浅灰色，无纵纹，腹中心奶油色，翼角具白色羽簇。

生境与习性： 栖于山地林、次生植被及耕作区，常见于寄生槲类植物附近。

地理分布： 分布于中国南方、印度、大巽他群岛。

种群状况： 黑石顶自然保护区稳定可见留鸟。

3.3.136 叉尾太阳鸟
Aethopyga christinae

雀形目 PASSERIFORMES
花蜜鸟科 Nectariniidae

识别特征： 雄鸟全长 9~11.3 cm，雌鸟全长 8~10 cm。雄鸟头部至肩部绿色，有金属光泽，背部暗橄榄绿色，脸黑而具闪辉绿色的髭纹，喉部、胸部赭红色或褐红色。腰部鲜黄色，尾上覆羽及中央尾羽闪辉金属绿色，中央两尾羽尖细延长，呈小叉状。外侧尾羽黑色而端白，腹部污白色。雌鸟较小，上体橄榄绿色，下体浅绿黄色，尾羽不延长。

生境与习性： 见于各种有花的生境，如城市公园、绿化带、郊野公园、乡村林缘地、山地森林等。主要以花蜜为食，也食浆果、花瓣以及昆虫等。一般单独或成对活动。鸣声婉转动听，经常发出悦耳而具有金属质感的铿锵之音。

地理分布： 中国广布于华东、华南、西南地区。国外分布于越南北部。

种群状况： 黑石顶自然保护区常见留鸟。

3.3.137 麻雀
Passer montanus

雀形目 PASSERIFORMES
雀科 Passeridae

识别特征：全长 13~15 cm。成鸟顶冠至枕部暗栗色，白色的颊部与白色的颈圈相接，颊上具明显黑斑；上体褐色具深色纵纹，下体皮黄色，颏喉中央具黑斑。幼鸟似成鸟但色较黯淡，嘴基黄色，颊部和喉部黑斑不明显。嘴黑色，冬季下嘴基黄色；脚粉褐色。

生境与习性：近人栖居，喜城镇和乡村生境，活动于有稀疏树木的村庄及农田。常在建筑物上的孔洞中筑巢。非繁殖季节集大群活动。

地理分布：常见于中国各地，对环境的适应性极强，在青藏高原可见于海拔 4500 m 的村落周边。国外分布于欧洲、中东、中亚、喜马拉雅山脉及东南亚地区。

种群状况：黑石顶自然保护区常见留鸟。

3.3.138 白腰文鸟
Lonchura striata

雀形目 PASSERIFORMES
梅花雀科 Estrildidae

识别特征：全长 10~12 cm。头及上体深褐色，眼周较黑，背上有纤细的白色纵纹，腰白色；尖形的尾黑色；下体污白色，喉、胸及臀栗褐色，并具皮黄色鳞状斑。幼鸟色较淡，腰皮黄色。虹膜红褐色；上嘴黑色，下嘴蓝灰色；脚深灰色。

生境与习性：栖息于中低山丘陵和山脚平原地带，尤以溪流、苇塘、农田耕地和村落附近较常见。性好集群，繁殖期成对活动，常成几只到数百只的大群，也与斑文鸟混群。以植物性食物为主，也吃少量昆虫等动物性食物。常营巢于溪沟边或庭园内的竹丛、灌丛或树木上靠近主干的枝叶浓密处。

地理分布：分布于中国南方地区和东南亚地区。

种群状况：黑石顶自然保护区常见留鸟。

3.3.139 斑文鸟
Lonchura punctulata

雀形目 PASSERIFORMES
梅花雀科 Estrildidae

识别特征：全长 10~12 cm。上体褐色，喉红褐色，下体白色，胸及两胁具深褐色鳞状斑。幼鸟下体浓皮黄色而无鳞状斑。虹膜红褐色；嘴蓝灰色；脚灰黑色。幼鸟的嘴、脚均淡黄色。

生境与习性：多成群栖息于灌丛、竹丛、稻田及草丛间，也见与白腰文鸟、麻雀等混群。有时数百只聚集在一棵树上，若受惊有一两只飞起，全群随即振翅飞离，并发出呼呼的响声。食物以谷物为主，兼吃少量其他植物种子，较少吃昆虫。常营巢于靠近主干的密集枝杈处。

地理分布：分布于中国、印度、菲律宾、大巽他群岛、苏拉威西岛。

种群状况：黑石顶自然保护区常见留鸟。

3.3.140 白眉鹀
Emberiza tristrami

雀形目 PASSERIFORMES
鹀科 Emberizidae

识别特征：全长 13~15 cm。繁殖羽雄鸟头和喉黑色，具白色的顶冠纹、眉纹、髭纹、耳羽后方有一白点；上体灰棕色具深色纵纹，飞羽、尾上覆羽及尾栗红色；下体白色，胸及两胁染暗棕色，并具深色纵纹。繁殖期雄鸟头为灰棕色。雌鸟图纹似繁殖期雄鸟，但较暗淡。虹膜黑色；上嘴深灰色，下嘴偏粉色；脚粉色。

生境与习性：栖息于中低山的阔叶林、针阔混交林和针叶林带，尤喜山溪沟谷、林缘、林间空地和林下灌丛或草丛。仅在迁徙时集结成小群。主要以草籽等植物性食物为食。

地理分布：分布于中国东北地区及西伯利亚邻近地区。越冬至中国南方地区，偶见于缅甸北部及越南北部。

种群状况：黑石顶自然保护区常见冬候鸟，但种群数量不多。

3.3.141 小鹀
Emberiza pusilla

雀形目 PASSERIFORMES
鹀科 Emberizidae

识别特征： 全长12~14 cm。雄鸟头顶、眼先、颊部栗红色，具黑色侧冠纹，耳羽后缘镶黑色；上体灰褐色具黑色纵纹；下体偏白色，胸及两胁具浓密黑色纵纹。雌鸟头部暗棕色，侧冠纹不甚清晰。虹膜黑色，具狭窄白色眼圈；嘴深灰色；脚肉褐色。

生境与习性： 栖息于低山、丘陵和山脚平原地带的灌木丛、村边树林与草地、苗圃、农田中。多结群生活，分散活动于地上。频繁在草丛和灌木间穿梭跳跃，也栖于小树地枝上，见人立刻落下藏匿。主要以草籽、果实等植物性食物为食。

地理分布： 繁殖于欧洲北部及亚洲北部；冬季南迁至印度、中国、东南亚地区。

种群状况： 黑石顶自然保护区冬候鸟或过境鸟，秋、冬季常见。

3.3.142 灰头鹀
Emberiza spodocephala

雀形目 PASSERIFORMES
鹀科 Emberizidae

识别特征： 全长 14~15 cm。各亚种羽色变化较多。指名亚种雄鸟繁殖羽头、颈背及喉灰色，眼先及颏黑色；上体余部栗色且具显著黑色纵纹，具两道白色翼斑，外侧尾羽具白色边缘；下体浅黄色或近白色。雌鸟及冬季雄鸟头橄榄色，具浅黄色眉纹、下颊纹和喉部，耳羽深色，上背和胸、胁多具纵纹。虹膜深栗褐色；上嘴近黑色并具浅色边缘，下嘴偏粉色且嘴端深色；脚粉褐色。

生境与习性： 栖息于山区河谷溪流两岸、平原沼泽地的疏林和灌丛中，也见于山边杂林、草甸灌丛、山间耕地以及公园、苗圃和果园中。主要以草籽、谷粒等为食。

地理分布： 繁殖于西伯利亚、日本、中国东北及中西部；越冬至中国南方地区。

种群状况： 黑石顶自然保护区冬候鸟，是最常见鹀类。

3.4 哺乳动物图鉴

基于本研究数据，整合该科学考察报告中的翼手类、啮齿类和鼩形类数据，剔除明显错误鉴定物种，最终确认目前黑石顶自然保护区哺乳动物共计 4 目 13 科 39 种，本节收录其中的 20 种。

3.4.1 中华菊头蝠
Rhinolophus sinicus

翼手目 CHIROPTERAS
菊头蝠科 Rhinolophidae

识别特征： 前臂长 45~52 mm，颅全长 19~23 mm。头顶具有复杂鼻叶，其中马蹄叶较大，两侧下缘各具一片附小叶，鞍状叶左右两侧呈平行状，顶端圆，连接叶阔而圆。背毛毛尖栗色，毛基灰白色，腹毛赭褐色。头骨矢状嵴明显，颚桥短。

生境与习性： 常栖于自然岩洞、废弃防空洞、坑道、窑洞等。可集成上百只的群体，常与中菊头蝠等同栖一洞。喜食夜蛾类。秋末冬初交配，翌年初夏产仔，每年 1 仔，幼仔生长到次年秋达性成熟。

地理分布： 中国分布于陕西、甘肃、西藏，以及长江以南地区（包括海南、香港）。

种群状况： 黑石顶自然保护区常见种。

3.4.2 中蹄蝠
Hipposideros larvatus

翼手目 CHIROPTERAS
蹄蝠科 Hipposideridae

识别特征： 体形较大，前臂长 54~61 mm。前鼻叶两侧各具 3 片小副叶；中鼻叶为横置棒状；后鼻叶基部被 3 个纵嵴分隔成 4 节。上体毛棕褐色，下体毛黄褐色。

生境与习性： 常栖息于天然岩洞或人工洞内，集群，洞中可见多种其他种类蝙蝠。夜间飞出洞外觅食。

地理分布： 中国分布于福建、广东、广西、海南、湖南、贵州、云南等地。国外分布于南亚和东南亚地区。

种群状况： 黑石顶自然保护区较常见种。

3.4.3 东亚伏翼
Pipistrellus abramus

翼手目 CHIROPTERAS
蝙蝠科 Vespertilionidae

识别特征：体形小，前臂长 31~36 mm，颅全长 12.2~13.4 mm。耳正常，耳屏条状，翼膜始自趾基部；阴茎骨长约 10 mm；背毛灰褐色或棕褐色。头骨很宽；颧弓纤细；吻突宽扁；上颌内门齿齿冠呈"双叉"形；小前白齿大小约等于外门齿，但小于内门齿；每枚犬齿后有 1 个小齿尖。

生境与习性：栖息于建筑物裂缝内，包括房子、桥梁等建筑物，偶尔发现于竹筒内，独居或集小群。黄昏和凌晨外出觅食，每次觅食约 30 min。

地理分布：中国分布于黑龙江、辽宁、河北、内蒙古、山西、天津、甘肃、陕西、贵州、四川、西藏、云南、湖北、湖南、安徽、福建、江苏、江西、山东、台湾、浙江、澳门、广东、广西、海南、香港。国外分布于俄罗斯、日本、朝鲜、越南、缅甸、印度等地。

种群状况：广泛分布种。

3.4.4 华南水鼠耳蝠
Myotis laniger

翼手目 CHIROPTERAS
蝙蝠科 Vespertilionidae

识别特征：体形小，背毛深棕色，腹毛毛基深色，毛尖淡棕色或灰色，毛被短，面部有密毛，后足稍长于胫长之半，无距缘膜，翼膜附着于趾基。头骨纤弱，上白齿有明显的上原尖，小前白齿完全在齿列中，上犬齿有小的齿带。

生境与习性：常栖息于桥底裂缝内，也可见于房屋裂缝或洞穴内，集群，在洞中可与其他鼠耳蝠混居，且常聚集成堆。夜间外出觅食，喜于水面捕捉水生昆虫。

地理分布：中国分布于重庆、贵州、四川、云南、安徽、福建、江苏、江西、台湾、浙江、海南。国外分布于老挝、越南、印度。

种群状况：中国南方较常见种。

3.4.5 华南扁颅蝠
Tylonycteris fulvida

翼手目 CHIROPTERAS
蝙蝠科 Vespertilionidae

识别特征： 体形非常小，毛基浅黄棕色，毛尖深棕色，腹面浅棕黄色，翼膜附着于趾基，耳宽圆形，耳屏短、宽。头骨显著扁平，头骨的眶上突不发达，人字脊发达，下门齿三尖形。

生境与习性： 栖息于竹筒内，通过裂缝进出，独居（通常为雄性）或集小群（常见一雄多雌），在同一片竹林内有时与托京扁颅蝠同域分布，但是极少同时栖息于同一个竹筒内。黄昏和凌晨外出觅食，每次外出时间 20～30 min。

地理分布： 中国分布于贵州、四川、云南、广东、广西、香港、澳门。国外分布于印度、越南、泰国等地。

种群状况： 中国南方较常见物种。

3.4.6 鼬獾
Melogale moschata

食肉目 CARNIVORA
鼬科 Mustelidae

识别特征： 体形较小，体重一般不超 1.5 kg。鼻吻突出，颈粗短，耳短圆而直立。趾爪侧扁而弯曲，前爪第二、三爪特别粗长，适于挖掘。通身毛色为灰褐色，头顶到后腰有一不连续的白色纵纹；前额、眼后、颊和颈侧均有不定形的白斑，喉、胸、腹部的毛污白色或浅黄色。

生境与习性： 喜栖居山区农田附近的丛林和草丛。善打洞，但洞穴简单。夜行性，多单独活动，常在潮湿的作物区或水溪旁活动，能用强爪和长吻扒挖寻找食物，外出活动通常循固定的路径。杂食性，主食各种小动物，也食植物的根、茎和果实。

地理分布： 中国广布于长江以南地区。

种群状况： 常见种。

3.4.7 黄腹鼬
Mustela kathiah

食肉目 CARNIVORA
鼬科 Mustelidae

识别特征：体小，尾细长，尾毛不蓬松，跖行性，跖垫发达，爪短细，灰褐色。上体咖啡色，下体金黄色或沙黄色，体下侧背腹色分界明显。上唇和下颌骨稍浅。

生境与习性：多栖于山地森林、草丛、丘陵、农田及村庄附近。穴居性，白天很少活动。行动敏捷，会游泳，少上树，性情凶猛，食物以鼠类、蛇类等为主，每年繁殖1次，每次产仔 2~5 只。

地理分布：中国分布于西南、华南、华中、华东地区。国外分布于不丹、尼泊尔、印度、缅甸、老挝、泰国、越南。

种群状况：较常见种。

3.4.8 花面狸
Paguma larvata

食肉目 CARNIVORA
灵猫科 Viverridae

识别特征：外形较肥胖，体重 4~8 kg。头顶和颜面部有明显的白斑，头额中央具一条显著的白纹（故又被称为白鼻心）。身上无斑纹，体背和四肢多为灰棕色或棕黄色，腹部浅黄色；尾较长，基部毛同体色，尾端黑色。

生境与习性：夜行性，喜栖于岩洞、石隙、树洞或灌丛中。善攀爬树，取食各种野果（也称果子狸），也捕食小动物。

地理分布：中国分布于西南、华南、华中及华东地区。

种群状况：常见种。

3.4.9 小灵猫
Viverricula indica

食肉目 CARNIVORA
灵猫科 Viverridae

识别特征：体形中等，头体长 45~68 cm，体重 2~4 kg。吻尖而突出，颜面部稍狭长。体形纤细，四肢较短，后肢长于前肢。尾较长，尾长大于头体长的一半。体毛灰色至灰棕色，密布斑点，背部中央两侧斑点形成纵向排列的深色斑纹从肩部延伸至臀部。尾具黑色和棕色相间的环纹，尾尖毛白色。

生境与习性：栖息于次生林、灌丛、草丛和农田等多种生境。夜行性，多地栖生活，夜间或晨昏活动。杂食性，以小型兽类、鸟类、爬行动物和昆虫等动物为食，会袭击家禽，也吃植物的嫩芽和果实。会阴部可分泌油性物，涂抹或喷射到各种物体上以标记其领地。雄性有领域，面积约 2~3 km²。

地理分布：分布广泛，中国分布于长江流域以南、青藏高原以东的大部分地区。国外分布于南亚、东南亚等地区。

种群状况：黑石顶自然保护区种群数量很小，目前只有几张红外相机的拍摄记录。《中国生物多样性红色名录》易危（VU）物种。国家一级保护动物。

3.4.10 斑林狸
Prionodon pardicolor

食肉目 CARNIVORA
林狸科 Prionodontidae

识别特征：体形较小，体重约 500 g。吻部突出，颜面部狭长。从肩至尾基部具排成纵列的棕黑色圆形或卵圆形毛色斑，斑块向体侧逐渐变小且不规则。背部毛较深，为淡褐色或黄褐色，腹面变成乳黄色或乳白色。尾长而呈圆柱状，有 9~11 个暗色环，尾尖多数灰白色。

生境与习性：栖息于阔叶林、稀疏灌丛或高草丛。夜行性，多地栖生活，亦会上树。肉食性，以鼠类、鸟类、蛙和昆虫等小动物为食。

地理分布：中国分布于广东、广西、江西、贵州、云南等地。

种群状况：黑石顶自然保护区种群数量中等，较常见。CITES 附录 I 物种。《中国生物多样性红色名录》易危（VU）物种。国家二级保护动物。

3.4.11 豹猫
Prionailurus bengalensis

食肉目 CARNIVORA
猫科 Felidae

识别特征：体长 360~600 mm，尾长 150~370 mm，体重 3~8 kg。背部黄褐色至棕灰色。全身布满棕褐色至淡褐色斑点，色斑似豹，故名豹猫。头部至肩部有 4 条向后的纵向黑纹。耳背黑色，有一白斑。

生境与习性：栖息于山地森林、居民区等各种类型的环境中。主要为地栖。主食鼠类、鸟类、野兔等小型脊椎动物。

地理分布：中国各地均有分布。

种群状况：种群数量中等，较常见。《中国生物多样性红色名录》易危 (VU) 物种。国家二级保护动物。

3.4.12 野猪
Sus scrofa

偶蹄目 CETARTIODACTYLA
猪科 Suidae

识别特征：家猪的祖先，外形与家猪相似，但嘴更长，性凶猛。幼仔身上有许多条纹，长成后逐渐消失。雄性的犬齿呈獠牙状。

生境与习性：适应能力很强，能找到隐蔽环境和食物的地方，就可以生存。喜集群生活，但无固定住地，繁殖时用树枝和杂草堆积成巢。杂食性，吃植物的嫩枝、根和果实，也吃动物尸体、昆虫及地面的软体动物。

地理分布：遍布中国各地。

种群状况：因中国环境状况改变，野猪数量有增加的趋势，有时会危害农作物。

3.4.13 小麂
Muntiacus reevesi

偶蹄目 CETARTIODACTYLA
鹿科 Cervidae

识别特征：小型鹿类，体重不到 15 kg。雄鹿有单叉形短角，角柄短于角干，角尖向后再向内弯。脸狭长，额部具明显的黑纹。体毛光滑细密，颈背中央有一条黑线，体色从淡黄褐色至淡栗色（故又称黄麂），可随年龄和季节变化而有所差异；胸腹部淡黄色至白色。

生境与习性：栖息于食物丰富、人为干扰少、气候温暖的低山丘陵地区。胆小，稍有惊动即迅速藏匿，喜单独活动。采食各种植物的嫩枝叶，也食青草、落地的野果和农作物等。

地理分布：中国特有种。中国分布于广东、广西、湖北、湖南、浙江、安徽、江西、贵州、四川、陕西、云南等地。

种群状况：常见种，但黑石顶自然保护区较罕见。

3.4.14 倭花鼠
Tamiops maritimus

啮齿目 RODENTIA
松鼠科 Sciuridae

识别特征：体形较小的松鼠，体长约 130 mm。体背毛棕褐色，从背中央向两侧有 7 条条纹，呈黑色、棕褐色、棕黄色、浅黄色或白色，最外侧的条纹不明显。耳尖有束毛，基部黑色，末端白色；腹毛灰黄色；尾毛蓬松呈棕褐色，其两侧有镶棕黄色边缘的黑色纵纹。

生境与习性：为典型的树栖啮齿动物，多栖于密林，也常见于山区村前屋后的大树上；在树洞内或树枝上筑巢。杂食性，以花、果、嫩叶及昆虫为食。

地理分布：分布于中国长江以南各省区及河北、河南、山西、陕西、甘肃和宁夏等地。

种群状况：常见种。

3.4.15 红腿长吻松鼠
Dremomys pyrrhomerus

啮齿目 RODENTIA
松鼠科 Sciuridae

识别特征： 中等大小松鼠，吻部较长。两颊染锈红色，体形也较瘦长。体背黄褐色，毛基部灰黑色；腹毛灰白色，臀部及腿部两侧红褐色。尾基部毛黄褐色，毛较长而暗淡，具白色毛尖，形成类似黑、灰色相间毛环。

生境与习性： 栖于针阔混交林及林缘。以树栖为主，也常见在地面活动。日间活动，采食各种野果和植物嫩枝叶，有时也吃鸟卵及昆虫。

地理分布： 中国分布于云南、四川、安徽、贵州、湖南、湖北、江西、广东、广西、海南等地。

种群状况： 较常见。

3.4.16 马来豪猪
Hystrix brachyura

啮齿目 RODENTIA
豪猪科 Hystricidae

识别特征： 体型粗壮，是一种大型啮齿动物；全身棕褐色，被长硬的空心棘刺。耳裸出，具少量白色短毛，额部到颈部中央有一条白色纵纹。

生境与习性： 栖息于森林和开阔田野，在堤岸和岩石下挖大的洞穴。家族性群居，夜间沿固定线路集体觅食。食物包括根、块茎、树皮、草本植物和落下的果实。遇到危险时，能后退，再有力地扑向敌人将棘刺插入其身体。报警时摇动尾棘作响，喷鼻息和跺脚。妊娠期约110天，每胎一般2仔，每年繁殖2胎。

地理分布： 分布于中国中部和南部地区。

种群状况： 较常见。

3.4.17 海南社鼠
Niviventer lotipes

啮齿目 RODENTIA
鼠科 Muridae

识别特征：中小型鼠类，尾明显较头体长长。体背毛色较暗，呈暗灰色、灰褐色或棕褐色，腹部毛色纯白色，背部和腹部的毛色分界明显，体侧赭黄色。尾明显的背腹双色，尾上棕褐色下白色。足白色。背毛中有较密的刺毛，但刺毛较针毛鼠细且软。

生境与习性：主要栖息在林区及灌木草丛，常出入于草丛、针叶林、阔叶林、农田和果园等多种生境中，尤喜栖息于灌木和草本植物生长繁茂、多岩石的地段。昼伏夜出。植食性为主。

地理分布：中国主要分布在西南部到中部和北部地区，如广西、广东、贵州、海南、云南、江西、福建、浙江等地。

种群状况：较常见。

3.4.18 华南针毛鼠
Niviventer huang

啮齿目 RODENTIA
鼠科 Muridae

识别特征：中等体形，耳较海南社鼠小而圆。背毛呈明显的红褐色或铁锈色，尤其以背腹部交界处色调更为明显。毛色较海南社鼠更红、更亮。背毛中有许多刺状针毛，背毛中的刺状针毛较海南社鼠多且更粗更硬，全年皆有刺毛。体腹部毛基至毛尖为白色（乳白色或牙白色），腹部毛尖不具有污黄色调，与体侧毛色界限分明，足边缘白色，足背面中间暗色杂以浅黄色。

生境与习性：主要居住在低海拔和中海拔山地森林、灌木丛、草地或农田。所处生境的植被类型包括针叶林、阔叶林、灌丛和混交林。夜间活动较多，白天也可见其活动。杂食性，以植物为主，亦经常窜入农田盗食农作物等。

地理分布：中国分布于四川、贵州、湖南、云南、广东、江西、福建、海南、陕西。

种群状况：较常见。

3.4.19 黑缘齿鼠
Rattus andamanensis

啮齿目 RODENTIA
鼠科 Muridae

识别特征： 身体细长。尾巴比头体长长很多。背毛为各种深浅的棕色，有淡棕色和黑色毛尖的混杂毛，沿着背中央线有明显的黑色长针毛。腹毛奶白色或偶有毛基浅灰色的小斑点。足背面深棕色。尾一致的深棕色。

生境与习性： 大多数发现在林下灌丛、草丛等处，山林附近的耕地和房屋四周也可见。善攀爬树木，也有其在树上做窝栖息、繁殖的报道。昼伏夜出，尤以晨昏活动频繁。主要为植食性，取食植物种子和茎叶，也捕食昆虫。

地理分布： 中国主要分布于福建、广东、海南、广西、贵州、云南、西藏。

种群状况： 较常见。

3.4.20 青毛巨鼠
Berylmys bowersi

啮齿目 RODENTIA
鼠科 Muridae

识别特征： 大型鼠类，体背毛青褐色，由青灰色的绒毛和下半部为青褐色、上半部为灰白色的硬刺毛组成，背部中央呈青褐色，两侧呈青灰色。腹毛及四肢内侧均为白色。背腹毛色在体侧有明显分界线。前足背面灰白色，后足背面暗棕褐色。尾青褐色，背腹上下毛色基本一致，部分标本尾末端白色。

生境与习性： 在长江以南山地林区分布较广，夏、秋季主要栖居于较深的密林中或山间溪流两岸岩石下，入冬后多居于山脚下。杂食性，但以植物性食物为主。

地理分布： 中国分布于西藏、广西、湖南、广东、福建、江西、浙江、安徽等地。

种群状况： 较常见。

参考文献

[1] 常弘，林术．黑石顶自然保护区两栖动物资源和区系特征的研究［J］．生态科学，1997,16(1):40－44.

[2] 常弘，林术．黑石顶自然保护区鸟类资源调查［J］．生态科学，1997（1）:47－53

[3] 费梁，叶昌媛，黄永昭，等．中国两栖动物检索及图解［M］．成都：四川科学技术出版社，2005.

[4] 费梁，胡淑琴，叶昌媛，等．中国动物志两栖纲（上卷）［M］．北京：科学出版社，2006.

[5] 费梁，胡淑琴，叶昌媛，等．中国动物志两栖纲（中卷）［M］．北京：科学出版社，2009.

[6] 费梁，胡淑琴，叶昌媛，等．中国动物志两栖纲（下卷）［M］．北京：科学出版社，2009.

[7] 费梁，叶昌媛，江建平．中国两栖动物彩色图鉴［M］．成都：四川科学技术出版社，2011.

[8] 费梁，叶昌媛，江建平．中国两栖动物及其分布彩色图鉴［M］．成都：四川科学技术出版社，2012.

[9] 国家林业和草原局，农业农村部．国家重点保护野生动物名录［EB/OL］.(2021-02-07)[2024-11-30]. https://lyj.cngy.gov.cn/mshow/20210207173449760.html.

[10] John Mackinnon, Karen Phillipps,何芬奇．中国鸟类野外手册［M］．长沙：湖南教育出版社，2000.

[11] 黄庆云．论横斑钝头蛇是横纹钝头蛇的次定同物异名［J］．四川动物，2004,3:49-50.

[12] 蒋志刚．中国哺乳动物多样性及地理分布［M］．北京：科学出版社，2015.

[13] 蒋志刚，江建平，王跃钊，等．中国脊椎动物红色名录［J］．生物多样性，2016, 24 (5)：500－551.

[14] 蒋志刚，刘少英，吴毅，等．2017.中国哺乳动物多样性（第2版）［J］．生物多样性，25 (8)：886－895.

[15] 金孟洁，赵健，王雪婧，等．广东封开县发现白眉棕啄木鸟（Sasia ochracea）［J］．动物学杂志，2014,49(1):30.

[16] 黎振昌，肖智，刘少容．广东两栖动物和爬行动物［M］．广州：广东科技出版社，2011.

[17] 黎振昌，肖智，刘惠宁．5种两栖爬行动物首次在广东省发现［J］．华南师范大学学报（自然科学版），2003,81－84.

[18] 刘少英，吴毅．中国兽类图鉴［M］．福州：海峡出版发行集团／海峡书局，2019.

[19] 刘小如，丁宗苏，方伟宏，等．台湾鸟类志（上）［M］．台北：行政院农业委员会林务局，2010.

[20] 刘小如，丁宗苏，方伟宏，等．台湾鸟类志（中）［M］．台北：行政院农业委员会林务局，2010.

[21] 刘小如，丁宗苏，方伟宏，等．台湾鸟类志（下）［M］．台北：行政院农业委员会林务局，2010.

[22] 潘清华，王应祥，岩崑．中国哺乳动物彩色图鉴．北京：中国林业出版社，2007.

[23] 庞家庆，刘志君．中国湍蛙属Amolops（Anura: Ranidae）的种上分类［C］// 两栖爬行动物小论文集，1992. 101－109.

[24] Smith AT，解焱．中国兽类野外手册［M］．长沙：湖南科学技术出版社，2009．

[25] 王剀，任金龙，陈宏满，等．中国两栖、爬行动物更新名录［J］．生物多样性，2020，28（2）：189－218．

[26] 王应祥．中国哺乳动物种和亚种分类名录与分布大全［M］．北京：中国林业出版社，2003．

[27] 王英勇，刘阳．黑石顶陆生脊椎动物彩色图谱［M］．北京：高等教育出版社，2014．

[28] 魏辅文，杨奇森，吴毅，等．2021．中国兽类名录（2021版）［J］．兽类学报，41（5）：487－501．

[29] 杨奇森，岩崑．中国兽类彩色图谱［M］．北京：科学出版社，2007．

[30] 杨剑焕，马新霞，王和聪，等．侧条跳树蛙的分布新纪录及其分布区域分析［J］．动物学杂志，2009，44（3）：132－134．

[31] 杨剑焕，王和聪，马新霞，等．斑蜓蜥分布新纪录和补充描述［J］．动物学杂志，2009，44（6）：156－159．

[32] 尹琏，费嘉伦，林超英．香港及华南鸟类［M］．香港：香港政府印务局，1994．

[33] 张金泉．广东省自然保护区［M］．广州：广东旅游出版社，1997．

[34] 张荣祖．中国动物地理［M］．北京：科学出版社，1999．

[35] 赵尔宓．中国蛇类（上）［M］．合肥：安徽科学技术出版社，2006．

[36] 赵尔宓．中国蛇类（下）［M］．合肥：安徽科学技术出版社，2006．

[37] 赵尔宓，黄美华，宗愉，等．中国动物志 爬行纲 第三卷 有鳞目 蛇亚目［M］．北京：科学出版社，1998．

[38] 赵尔宓，赵肯堂，周开亚，等．中国动物志 爬行纲 第二卷 有鳞目 蜥蜴亚目［M］．北京：科学出版社，1999．

[39] 赵正阶．中国鸟类志 上卷 非雀形目［M］．长春：吉林科学技术出版社，2001．

[40] 赵正阶．中国鸟类志 下卷 雀形目［M］．长春：吉林科学技术出版社，2001．

[41] 郑宝赉等．中国动物志 鸟纲 第八卷 雀形目 阔嘴鸟科 和平鸟科［M］．北京：科学出版社，1985．

[42] 郑光美．中国鸟类分类与分布名录［M］．北京：科学出版社，2005．

[43] 郑光美．中国鸟类分类与分布名录（第三版）［M］．北京：科学出版社，2017．

[44] 郑光美．鸟类学（第二版）［M］．北京：北京师范大学出版社，2012．

[45] 郑作新．中国鸟类系统检索［M］．北京：科学出版社，1966．

[46] 郑作新．中国鸟类分布名录［M］．北京：科学出版社，1976．

[47] 郑作新．中国动物志 鸟纲 第四卷 鸡形目［M］．北京：科学出版社，1978．

[48] 郑作新，龙泽虞，郑宝赉．中国动物志 鸟纲 第十一卷 雀形目鹟科Ⅱ 画眉亚科［M］．北京：科学出版社，1987．

[49] 郑作新，冼耀华，关贯勋．中国动物志 鸟纲 第六卷 鸽形目 鹰形目 鹃形目 鸮形目［M］．北京：科学出版社，1991．

[50] 邹发生, 叶冠峰. 广东陆生脊椎动物分布名录[M]. 广州: 广东科技出版社, 2016.

[51] 刘阳, 陈水华. 中国鸟类观察手册[M]. 长沙: 湖南科学技术出版社, 2021.

[52] 中国科学院昆明动物研究所. "中国两栖类"信息系统[EB/OL]. [2024-11-30] http://www.amphibiachina.org/.

[53] Bain R H, Lathrop A M Y, Murphy R W, et al. Cryptic species of a cascade frog from Southeast Asia: taxonomic revisions and descriptions of six new species[J]. American Museum Novitates, 2003, 2003(3417): 1-60.

[54] Farm K, Garden B, Chan B P L, et al. Report of a rapid biodiversity assessment at Heishiding Nature Reserve, west Guangdong, China, July 2002[J]. South China Forest Biodiversity Survey Report Series, 2004 (39):10-11.

[55] Farm K, Garden B, Chan B P L, et al. Report of Rapid Biodiversity Assessments at Dinghushan Biosphere Reserve, Western Guangdong, 1998 and 2000[J]. South China Forest Biodiversity Survey Report Series, 2002 (7):1-24.

[56] Chen J M, Poyarkov Jr N A, Suwannapoom C, et al. Large-scale phylogenetic analyses provide insights into unrecognized diversity and historical biogeography of Asian leaf-litter frogs, genus Leptolalax (Anura: Megophryidae)[J]. Molecular Phylogenetics and Evolution, 2018, 124: 162-171.

[57] Robson C. Field guide to the birds of South-East Asia[M]. London:Bloomsbury Publishing, 2020.

[58] Corbet G B, Hill J E. The mammals of the Indomalayan region: a systematic review[M]. Oxford: oxford university press, 1992.

[59] Dubois A. Notes sur la classification des Ranidae (Amphibiens, Anoures)[J]. Publications de la Société Linnéenne de Lyon, 1992, 61(10): 305-352.

[60] Leptolalax C. The nomenclatural status of some generic nomina of Megophryidae (Amphibia, Anura)[J]. Zootaxa, 2010, 2493: 66-68.

[61] Dubois A, Ohler A, Pyron R A. New concepts and methods for phylogenetic taxonomy and nomenclature in zoology, exemplified by a new ranked cladonomy of recent amphibians (Lissamphibia)[J]. Megataxa, 2021, 5(1): 1-738.

[62] Fellowes J R, Hau C. A faunal survey of nine forest reserves in tropical south China, with a review of conservation priorities in the region[M]. KFBG, 1997.

[63] Figueroa A, McKelvy A D, Grismer L L, et al. A species-level phylogeny of extant snakes with description of a new colubrid subfamily and genus[J]. PloS one, 2016, 11(9): e0161070.

[64] Frost D R. 2024. Amphibian Species of the World: an online reference. Version 6.2. [2024-11-30]. https://amphibiansoftheworld.amnh.org/index.php.

[65] Gressitt J L. A new snake from southeastern China[J]. Proceedings of the Biological Society of

Washington, 1937, 50: 125-128.

[66] Grismer L L, Wood Jr P L, Anuar S, et al. Integrative taxonomy uncovers high levels of cryptic species diversity in Hemiphyllodactylus Bleeker, 1860 (Squamata: Gekkonidae) and the description of a new species from Peninsular Malaysia[J]. Zoological Journal of the Linnean Society, 2013, 169(4): 849-880.

[67] Hallermann J, Nguyen Q T, Orlov N, et al. A new species of the genus Pseudocalotes (Squamata: Agamidae) from Vietnam[J]. Russian Journal of Herpetology, 2010, 17(1): 31-40.

[68] IUCN. The IUCN Red List of Threatened Species. [2024-11-30]. https://www.iucnredlist.org.

[69] Li Y L, JIn M J I E, Zhao J, et al. Description of two new species of the genus Megophrys (Amphibia: Anura: Megophryidae) from Heishiding Nature Reserve, Fengkai, Guangdong, China, based on molecular and morphological data[J]. Zootaxa, 2014, 3795(4): 449-471.

[70] Li Z C, Xiao Z, Qing N, et al. amphibians and Reptiles of Dinghushan in Guangdong Province, china's oldest nature Reserve[J]. Reptiles & Amphibians, 2009, 16(3): 130-151.

[71] Liu Q, Xie X, Wu Y, et al. High genetic divergence but low morphological differences in a keelback snake Rhabdophis subminiatus (Reptilia, Colubridae)[J]. Journal of Zoological Systematics and Evolutionary Research, 2021, 59(6): 1371-1381.

[72] Liu Z, Chen G, Zhu T, et al. Prevalence of cryptic species in morphologically uniform taxa – Fast speciation and evolutionary radiation in Asian frogs[J]. Molecular Phylogenetics and Evolution, 2018, 127: 723-731.

[73] Lyu Z T, Huang L S, Wang J, et al. Description of two cryptic species of the Amolopsricketti group (Anura, Ranidae) from southeastern China[J]. ZooKeys, 2019 (812): 133-156.

[74] Lyu Z T, Li Y Q, Zeng Z C, et al. Four new species of Asian horned toads (Anura, Megophryidae, Megophrys) from southern China[J]. ZooKeys, 2020, 942: 105-140.

[75] Lyu Z T, Zeng Z C, Wang J, et al. Four new species of Panophrys (Anura, Megophryidae) from eastern China, with discussion on the recognition of Panophrys as a distinct genus[J]. Zootaxa, 2021, 4927(1): 9-40.

[76] Lyu Z T, Wang J, Zeng Z C, et al. Taxonomic clarifications on the floating frogs (Anura: Dicroglossidae: Occidozyga sensu lato) in southeastern China[J]. Vertebrate Zoology, 2022, 72: 495-512.

[77] Matsui M, Ito H, Shimada T, et al. Taxonomic relationships within the Pan-Oriental narrow-mouth toad Microhyla ornata as revealed by mtDNA analysis (Amphibia, Anura, Microhylidae)[J]. Zoological Science, 2005, 22(4): 489-495.

[78] Mahony S, Foley N M, Biju S D, et al. Evolutionary history of the Asian Horned Frogs (Megophryinae): integrative approaches to timetree dating in the absence of a fossil record[J]. Molecular biology and evolution, 2017, 34(3): 744-771.

[79] Mertens R. über eine eigenartige Rasse des Tokehs (Gekko gecko) aus Ost-Pakistan[J]. Senckenbergiana Biologica, 1955, 36: 21-24.

[80] Van Tri N, GRISMER L, Thai P H, et al. A new species of Hemiphyllodactylus Bleeker, 1860 (Squamata: Gekkonidae) from Ba Na‐Nui Chua Nature Reserve, Central Vietnam[J]. Zootaxa, 2014, 3760(4): 539-552.

[81] Nguyen T Q, Schmitz A, Nguyen T T, et al. Review of the genus Sphenomorphus Fitzinger, 1843 (Squamata: Sauria: Scincidae) in Vietnam, with description of a new species from northern Vietnam and southern China and the first record of Sphenomorphus mimicus Taylor, 1962 from Vietnam[J]. Journal of Herpetology, 2011, 45(2): 145-154.

[82] Qi S, Lyu Z T, Wang J, et al. Three new species of the genus Boulenophrys (Anura, Megophryidae) from southern China[J]. Zootaxa, 2021, 5072(5): 401-438.

[83] Ren J L, Wang K, Guo P, et al. On the generic taxonomy of Opisthotropis balteata (Cope, 1895) (Squamata: Colubridae: Natricinae): Taxonomic revision of two Natricine genera[J]. Asian Herpetological Research, 2019, 10(2): 105-128.

[84] Roesler H, Bauer A M, Heinicke M P, et al. Phylogeny, taxonomy, and zoogeography of the genus Gekko Laurenti, 1768 with the revalidation of G. reevesii Gray, 1831 (Sauria: Gekkonidae)[J]. Zootaxa, 2011, 2989(1): 1‐50.

[85] Siler C D, Oliveros C H, Santanen A, et al. Multilocus phylogeny reveals unexpected diversification patterns in Asian wolf snakes (genus Lycodon)[J]. Zoologica Scripta, 2013, 42(3): 262-277.

[86] Stuart B L, Chuaynkern Y. A new Opisthotropis (Serpentes: Colubridae: Natricinae) from Northeastern Thailand[J]. Current Herpetology, 2007, 26(1): 35-40.

[87] Sung Y H, Yang J, Wang Y Y. A new species of Leptolalax (Anura: Megophryidae) from southern China[J]. Asian Herpetological Research, 2014, 5(2): 80-90.

[88] Uetz P, Freed P, Hošek J. The Reptile Database. [2024-11-30]. http://www.reptile-database.org.

[89] Vogel G, David P. On the taxonomy of the Xenochrophis piscator complex (Serpentes, Natricidae)[C]// Proceedings of the 13th Congress of the Societas Europaea Herpetologica. pp. 2006, 241: 246.

[90] Vogel G, Tan N, Lalremsanga H T, et al. Taxonomic reassessment of the Pareas margaritophorus-macularius species complex (Squamata, Pareidae)[J]. Vertebrate Zoology, 2020, 70: 547-569.

[91] Wang J, Yang J, Li Y, et al. Morphology and molecular genetics reveal two new Leptobrachella species in southern China (Anura, Megophryidae)[J]. ZooKeys, 2018 (776): 105-137.

[92] Wang J, Li Y A O, Zeng Z C, et al. A new species of the genus Achalinus from southwestern Guangdong Province, China (Squamata: Xenodermatidae)[J]. Zootaxa, 2019, 4674(4): 471-481.

[93] Wang J, Lyu Z T, Zeng Z C, et al. Re-examination of the Chinese record of Opisthotropis maculosa

(Squamata, Natricidae), resulting in the first national record of O. haihaensis and description of a new species[J]. ZooKeys, 2020, 913: 141-159.

[94] Wang Y Y, Gong S P, Liu P, et al. A new species of the genus Takydromus (Squamata: Lacertidae) from Tianjingshan forestry station, northern Guangdong, China[J]. Zootaxa, 2017, 4338(3): 441-458.

[95] Wang Y Y, Yang J H, Liu Y. New Distribution Records for Sphenomorphus tonkinensis (Lacertilia:Scincidae) with Notes on Its Variation and Diagnostic Characters. Asian Herpetological Research[J]. 2013, 4(2):147-150.

[96] Xiong R C, Li C, Jiang J P. Lineage divergence in Odorrana graminea complex (Anura: Ranidae:Odorrana) [J]. Zootaxa, 2013, 3963 (2): 201-229.

[97] Yang J H, Wang Y Y. Range extension of Takydromus sylvaticus (Pope, 1928) with notes on morphological variation and sexual dimorphism[J]. Herpetology Notes, 2010, 3: 279-283.

[98] Yang J H, Wang Y Y, Zhang B, et al. Revision of the diagnostic characters of Opisthotropis maculosa Stuart and Chuaynkern, 2007 with notes on its distribution and variation, and a key to the genus Opisthotropis (Squamata: Natricidae)[J]. Zootaxa, 2011, 2785(1): 61-68.

[99] Zeng Z, Liang D, Li J, et al. Phylogenetic relationships of the Chinese torrent frogs (Ranidae: Amolops) revealed by phylogenomic analyses of AFLP-Capture data[J]. Molecular phylogenetics and evolution, 2020, 146: 106753.

[100] Wang J, Wang Y Y. A new species of Opisthotropis from northern Vietnam previously misidentified as the Yellow-spotted Mountain Stream Keelback O. maculosa Stuart & Chuaynkern, 2007 (Squamata: Natricidae)[J]. Zootaxa, 2019, 4613(3): 579-586.

[101] Zug G R. Speciation and dispersal in a low diversity taxon: the Slender Geckos Hemiphyllodactylus (Reptilia, Gekkonidae). Smithsonian Contributions to Zoology, 2010, 631:1-70.

中文名称索引

A

暗绿绣眼鸟	161
暗冕山鹪莺	153

B

八哥	130
八声杜鹃	103
白唇竹叶青蛇	76
白腹鸫	135
白腹凤鹛	152
白腹姬鹟	144
白冠燕尾	140
白喉红臀鹎	126
白鹡鸰	121
白鹭	95
白眉鸫	134
白眉腹链蛇	86
白眉鹀	166
白眉棕啄木鸟	117
白头鹎	125
白尾蓝地鸲	136
白鹇	102
白胸苦恶鸟	98
白腰文鸟	165
斑鸫	135
斑姬啄木鸟	117
斑林狸	173
斑腿泛树蛙	56
斑文鸟	166
豹猫	174
北部湾蜓蜥	67
北方颈槽蛇	91
北红尾鸲	138
北灰鹟	142
变色树蜥	73

C

草腹链蛇	85
侧条后棱蛇	89
叉尾太阳鸟	164
长尾缝叶莺	155
橙腹叶鹎	128
橙头地鸫	132
池鹭	96
赤腹鹰	108
赤红山椒鸟	124
纯色山鹪莺	154
纯色啄花鸟	164
粗皮姬蛙	46
翠青蛇	83

D

大拟啄木鸟	116
大山雀	162
大树蛙	56
大鹰鹃	103
大嘴乌鸦	132
戴胜	115
淡眉雀鹛	151
地龟	58
东亚伏翼	170
东亚石䳭	140
都庞岭半叶趾虎	58
短尾鸦雀	156
钝尾两头蛇	88

F

繁花林蛇	82
费氏刘树蛙	55
封开臭蛙	52
封开角蟾	43
凤头鹰	108
福建大头蛙	49

G

钩盲蛇	73
古氏草蜥	69
股鳞蜓蜥	66
冠鱼狗	113
光蜥	61

H

海南蓝仙鹟	145
海南棱蜥	68
海南社鼠	177
汉森侧条树蛙	54
褐翅鸦鹃	105
褐顶雀鹛	151
褐柳莺	158
褐胸鹟	141
黑翅鸢	106
黑短脚鹎	127
黑冠鹃	97
黑喉山鹪莺	154
黑喉噪鹛	148
黑卷尾	129
黑眶蟾蜍	45
黑脸噪鹛	146
黑领噪鹛	147
黑眉锦蛇	87
黑眉拟啄木鸟	116
黑眉苇莺	153
黑石顶角蟾	44
黑头剑蛇	94
黑疣大壁虎	60
黑鸢	106
黑缘齿鼠	178
黑枕王鹟	146
横纹钝头蛇	75
红耳鹎	125
红喉姬鹟	144
红角鸮	111
红隼	109
红头穗鹛	150
红头长尾山雀	162
红腿长吻松鼠	176
红尾伯劳	128
红尾水鸲	138
红胁蓝尾鸲	137
红胸啄花鸟	163
红嘴蓝鹊	130
红嘴相思鸟	149
虎斑地鸫	133
虎纹蛙	48
花姬蛙	47
花面狸	172
华南斑胸钩嘴鹛	149
华南扁颅蝠	171
华南冠纹柳莺	160
华南水鼠耳蝠	170
华南湍蛙	53
华南雨蛙	45
华南针毛鼠	177
画眉	148
环纹华珊瑚蛇	79
环纹华游蛇	92
黄斑渔游蛇	88
黄腹鹨	123
黄腹山鹪莺	155
黄腹鼬	172
黄颊山雀	163
黄眉姬鹟	143
黄眉柳莺	159
黄腰柳莺	159
黄嘴角鸮	110
黄嘴栗啄木鸟	118
灰背鸫	133
灰背燕尾	139
灰喉山椒鸟	124
灰鹡鸰	121
灰林䳭	141
灰树鹊	131
灰头麦鸡	98
灰头鸫	168
灰胸竹鸡	101

J

棘胸蛙	49
家燕	120
绞花林蛇	81
金头缝叶莺	158
金腰燕	120

L

蓝翡翠	113
蓝歌鸲	136
蓝喉蜂虎	114
理氏鹨	122

丽棘蜥	72		饰纹姬蛙	46
栗背短脚鹎	126		寿带	145
栗颈凤鹛	161		树鹨	122
栗头鹟莺	160		四线石龙子	62
栗啄木鸟	118		**T**	
菱斑小头蛇	82			
岭南浮蛙	50		台北纤蛙	51
领角鸮	111		台湾钝头蛇	74
领鸺鹠	110		台湾小头蛇	83
龙头山臭蛙	51		铜蜓蜥	65
绿翅短脚鹎	127		**W**	
绿翅金鸠	101			
绿鹭	97		倭花鼠	175
绿瘦蛇	80		乌华游蛇	93
M			乌灰鸫	134
			乌鹃	104
麻雀	165		乌鹟	142
马来豪猪	176		**X**	
莽山后棱蛇	89			
密疣掌突蟾	42		喜鹊	131
N			细白环蛇	85
			细鳞拟树蜥	71
南草蜥	70		仙八色鸫	119
南方链蛇	84		小白腰雨燕	112
南滑蜥	63		小黑领噪鹛	147
宁波滑蜥	64		小弧斑姬蛙	47
牛背鹭	96		小灰山椒鸟	123
P			小麂	175
			小鳞胸鹪鹛	152
平胸龟	57		小灵猫	173
坡普腹链蛇	86		小鹀鹠	95
普通翠鸟	112		小鸦	167
普通鵟	109		小鸦鹃	105
Q			**Y**	
强脚树莺	157		烟腹毛脚燕	119
青毛巨鼠	178		眼镜王蛇	79
丘鹬	99		野猪	174
鸲姬鹟	143		银环蛇	78
鹊鸲	137		鼬獾	171
S			原矛头蝮	76
			原尾蜥虎	59
三宝鸟	115		越南烙铁头蛇	75
三索锦蛇	87			
山斑鸠	100			
蛇雕	107			

Z

噪鹃	104
泽陆蛙	48
张氏后棱蛇	90
沼水蛙	50
中国棱蜥	69
中国石龙子	61
中国水蛇	77
中华鳖	57
中华菊头蝠	169
中蹄蝠	169
舟山眼镜蛇	78
珠颈斑鸠	99
紫沙蛇	77
紫啸鸫	139
棕背伯劳	129
棕脊蛇	74
棕颈钩嘴鹛	150
棕脸鹟莺	157
棕头鸦雀	156

学名索引

A

Abroscopus albogularis	157
Acanthosaura lepidogaster	72
Accipiter soloensis	108
Accipiter trivirgatus	108
Achalinus rufescens	74
Acridotheres cristatellus	130
Acrocephalus bistrigiceps	153
Aegithalos concinnus	162
Aethopyga christinae	164
Ahaetulla prasina	80
Alcedo atthis	112
Alcippe hueti	151
Amaurornis phoenicurus	98
Amolops ricketti	53
Amphiesma stolatum	85
Anthus hodgsoni	122
Anthus richardi	122
Anthus rubescens	123
Apus nipalensis	112
Ardeola bacchus	96
Ateuchosaurus chinensis	61

B

Bambusicola thoracicus	101
Berylmys bowersi	178
Blythipicus pyrrhotis	118
Boiga kraepelini	81
Boiga multomaculata	82
Boulenophrys acuta	43
Boulenophrys obesa	44
Bubulcus coromandus	96
Bungarus multicinctus	78
Buteo japonicus	109
Butorides striata	97

C

Cacomantis merulinus	103
Calamaria septentrionalis	88
Calotes versicolor	73
Centropus bengalensis	105
Centropus sinensis	105
Chalcophaps indica	101
Chloropsis hardwickii	128
Coelognathus radiatus	87
Copsychus saularis	137
Corvus macrorhynchos	132
Cyanoptila cyanomelana	144
Cyornis hainanus	145

D

Delichon dasypus	119
Dendrocitta formosae	131
Dicaeum ignipectus	163
Dicaeum minullum	164
Dicrurus macrocercus	129
Dremomys pyrrhomerus	176
Duttaphrynus melanostictus	45

E

Egretta garzetta	95
Elanus caeruleus	106
Elaphe taeniurua	87
Emberiza pusilla	167
Emberiza spodocephala	168
Emberiza tristrami	166
Enicurus leschenaulti	140
Enicurus schistaceus	139
Erpornis zantholeuca	152
Eudynamys scolopaceus	104
Eurystomus orientalis	115

F

Falco tinnunculus	109
Fejervarya limnocharis	48
Ficedula albicilla	144
Ficedula mugimaki	143
Ficedula narcissina	143
Fowlea flavipunctatus	88

G

Garrulax canorus	148
Garrulax monileger	147
Garrulax perspicillatus	146
Gekko reevesii	60
Geoemyda spengleri	58
Geokichla citrina	132
Glaucidium brodiei	110
Gorsachius melanolophus	97

H

Halcyon pileata	113
Hebius boulengeri	86
Hebius popei	86
Hemidactylus bowringii	59
Hemiphyllodactylus dupanglingensis	58
Hemixos castanonotus	126
Hierococcyx sparverioides	103
Hipposideros larvatus	169
Hirundo daurica	120
Hirundo rustica	120
Hoplobatrachus chinensis	48
Horornis fortipes	157
Hyla simplex	45
Hylarana guentheri	50
Hylarana taipehensis	51
Hypothymis azurea	146
Hypsipetes leucocephalus	127
Hystrix brachyura	176

I

Indotyphlops braminus	73

Ixos mcclellandii	127

L

Lanius cristatus	128
Lanius schach	129
Larvivora cyane	136
Leiothrix lutea	149
Leptobrachella verrucosa	42
Limnonectes fujianensis	49
Liuixalus feii	55
Lonchura punctulata	166
Lonchura striata	165
Lophura nycthemera	102
Lycodon meridionale	84
Lycodon neomaculatus	85

M

Megaceryle lugubris	113
Melogale moschata	171
Merops viridis	114
Microhyla butleri	46
Microhyla fissipes	46
Microhyla heymonsi	47
Microhyla pulchra	47
Micropternus brachyurus	118
Milvus migrans	106
Motacilla alba	121
Motacilla cinerea	121
Muntiacus reevesi	175
Muscicapa dauurica	142
Muscicapa muttui	141
Muscicapa sibirica	142
Mustela kathiah	172
Myiomela leucura	136
Myophonus caeruleus	139
Myotis laniger	170
Myrrophis chinensis	77

N

Naja atra	78

Neosuthora davidiana	156
Niviventer huang	177
Niviventer lotipes	177

O

Occidozyga lingnanica	50
Odorrana fengkaiensis	52
Odorrana leporipes	51
Oligodon catenata	82
Oligodon formosanus	83
Ophiophagus hannah	79
Opisthotropis cheni	89
Opisthotropis hungtai	90
Opisthotropis lateralis	89
Orthotomus sutorius	155
Otus lettia	111
Otus spilocephalus	110
Otus sunia	111
Ovophis tonkinensis	75

P

Paguma larvata	172
Paradoxornis webbianus	156
Pareas formosensis	74
Pareas margaritophorus	75
Parus minor	162
Parus spilonotus	163
Passer montanus	165
Pelodiscus sinensis	57
Pericrocotus cantonensis	123
Pericrocotus solaris	124
Pericrocotus speciosus	124
Phoenicurus auroreus	138
Phyllergates cuculatus	158
Phylloscopus castaniceps	160
Phylloscopus fuscatus	158
Phylloscopus goodsoni	160
Phylloscopus inornatus	159
Phylloscopus proregulus	159
Pica serica	131
Picumnus innominatus	117
Pipistrellus abramus	170
Pitta nympha	119
Platysternon megacephalum	57
Plestiodon chinensis	61
Plestiodon quadrilineatus	62
Pnoepyga pusilla	152
Polypedates megacephalus	56
Pomatorhinus ruficollis	150
Pomatorhinus swinhoei	149
Prinia atrogularis	154
Prinia flaviventris	155
Prinia inornata	154
Prinia rufescens	153
Prionailurus bengalensis	174
Prionodon pardicolor	173
Protobothrops mucrosquamatus	76
Psammodynastes pulverulentus	77
Pseudocalotes microlepis	71
Psilopogon faber	116
Psilopogon virens	116
Pterorhinus chinensis	148
Pterorhinus pectoralis	147
Ptyas major	83
Pycnonotus aurigaster	126
Pycnonotus jocosus	125
Pycnonotus sinensis	125

Q

Quasipaa spinosa	49

R

Rattus andamanensis	178
Rhabdophis helleri	91
Rhinolophus sinicus	169
Rhyacornis fuliginosus	138
Rohanixalus hansenae	54

S

Sasia ochracea	117

Saxicola ferreus	141	*Trimeresurus albolabris*	76
Saxicola torquata	140	*Trimerodytes aequifasciata*	92
Schoeniparus brunnea	151	*Trimerodytes percarinata*	93
Scincella modesta	64	*Tropidophorus hainanus*	68
Scincella reevesii	63	*Tropidophorus sinicus*	69
Scolopax rusticola	99	*Turdus cardis*	134
Sibynophis chinensis	94	*Turdus eunomus*	135
Sinomicrurus annularis	79	*Turdus hortulorum*	133
Sphenomorphus incognitus	66	*Turdus obscurus*	134
Sphenomorphus indicus	65	*Turdus pallidus*	135
Sphenomorphus tonkinensis	67	*Tylonycteris fulvida*	171
Spilopelia chinensis	99	U	
Spilopelia orientalis	100	*Upupa epops*	115
Spilornis cheela	107	*Urocissa erythrorhyncha*	130
Stachyris ruficeps	150	V	
Surniculus lugubris	104		
Sus scrofa	174	*Vanellus cinereus*	98
T		*Viverricula indica*	173
		Y	
Tachybaptus ruficollis	95		
Takydromus kuehnei	69	*Yuhina torqueola*	161
Takydromus sexlineatus	70	Z	
Tamiops maritimus	175	*Zhangixalus dennysi*	56
Tarsiger cyanurus	137	*Zoothera aurea*	133
Terpsiphone paradisi	145	*Zosterops japonicus*	161